防灾减灾教育指南

张 英 编著

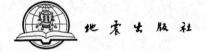

图书在版编目(CIP)数据

防灾减灾教育指南 / 张英编著.—北京:地震出版社,2015.9 (2022.9重印)

ISBN 978-7-5028-4683-1

Ⅰ.① 防⋯　Ⅱ.① 张⋯　Ⅲ.①灾害防治—普及读物

Ⅳ.①X4-49

中国版本图书馆 CIP 数据核字(2015)第 218769 号

地震版　XM5339/X(5376)

防灾减灾教育指南

张英　编著

责任编辑:赵月华

责任校对:凌　樱

出版发行:　**地震出版社**

　　　　　北京市海淀区民族大学南路 9 号　　　　　邮编:100081

　　　　　发行部:68423031　68467991

　　　　　总编室:68462709　68423029

　　　　　E-mail:seis@mailbox.rol.cn.net

　　　　　http://seismologicalpress.com

经销:全国各地新华书店

印刷:河北文盛印刷有限公司

版(印)次:2015 年 9 月第一版　2022 年 9 月第三次印刷

开本:787×1092　1/16

字数:259 千字

印张:13.25

书号:ISBN 978-7-5028-4683-1

定价:28.00 元

序 言

可持续发展是一个世界性课题,人口、资源、环境和发展问题历来是经济社会发展关注的热点。而灾害则是极具破坏力因子,是经济社会可持续发展的重大制约因素,防灾减灾是研究如何实现可持续发展的一个重大课题。1999 年 12 月联合国大会通过了国际减灾战略,2002 年"减灾"被确认为世界首脑会议《约翰内斯堡执行计划》中可持续发展的关键组成部分。灾害与环境是人地关系的两个重要组成方面,防灾减灾与环境保护同样至关重要,理应纳入可持续发展视角,也理应成为生态文明建设应有之义。

从 1991 年以来的减灾日主题看,灾害教育得到了相当的重视,特别是进入 21 世纪以来,3 年的主题都与学校和教育有关,强调学校及社会教育在减轻自然灾害中所起的作用。在各种减灾措施中,教育和培训是不可或缺的关键措施之一。灾害教育可以让人们获得更充分的防灾减灾所必需的知识、技能和态度。

灾害教育始于学校,学校是开展灾害教育的最佳场所。公众科普教育也必不可少,掌握一些防灾减灾、应急避险的知识和技能,可以不同程度地改变受教育者的观念和行为,形成积极的态度,正确对待灾害,同时还可以向家庭与社会扩散,带动提升全民的防灾素养。在这样的教育背景下,专家们在防灾管理、防灾科技等诸多方面发挥社会作用,从而实现真正意义上的全社会防灾减灾。灾害教育可以在一定程度上解决公民灾害意识、防灾素养方面存在的一系列问题,其目的是使受教育者掌握一定的关于灾害本身及防灾、减灾、救灾的知识,树立正确的灾害观,正确地进行相应的防灾、减灾、救灾、备灾活动。灾害教育应该是由学校、社会、家庭构成的"三位一体"的灾害教育体系,学校教育与公众教育"双核互动"。

汶川大地震后,不少专家学者也呼吁把灾害教育研究纳入国民教育体系、可持续发展战略,"十二五国家防灾减灾发展规划"也凸显其重视程度,但灾害教育实施现状却不尽如人意。因此,开展灾害教育理论与实践研究及安全安心校园建设意义重大且迫在眉睫。此书作为国内第一本灾害教育类专著，具有较大意义。希望广大读者能从书中汲取养分，把防灾减灾意识融入工作、学习与生活，共同为防灾减灾工作贡献力量！

邹文卫

2015 年 9 月

前　言

　　灾害教育旨在提高全民防灾素养、培育防灾安全文化、建设安全安心社会,其重要性已逐渐被认同,但实践中还存在诸多问题,加之理论研究滞后,因此,开展灾害教育研究与实践迫在眉睫。现阶段,灾害教育研究大多为呼吁式研究、介绍式研究,应引入实证研究、加大理论研究,从宏观向中观、微观不断深入。学校是灾害教育开展最适合的地方,因为学校教育比较系统和正规,学生是易受灾人群,学生能把所学向社会扩散,从而提高全民的防灾素养。

　　本书按照"调查现状—分析问题—提出策略"的研究思路,开展文献综述及理论研究以明确灾害教育基本问题;对教师、高中生、初中生进行了防灾素养调查;开展了学校灾害教育教学、评价及师资培训的理论与实践研究,以使教学者有所参考;同时,对公众灾害教育开展模式进行了探索,对遗址地、博物馆等教育类场所通过灾害解说开展教育活动进行了现状调查、案例与策略研究;另外,对大学、科研机构、地震局等单位、灾害教育协会等学术组织开展灾害教育现状进行了案例研究,以使公众科普教育工作者有所借鉴;最后,编写了校园灾害管理实务部分,以使管理者有所参考。

　　防灾素养调查旨在了解我国中学教师、高中生、初中生防灾素养的一般情形。按照地理区划与样本可获取原则,调查分别选取北京、黑龙江、吉林、山东、江西、上海、贵州、青海等省市不同地区、不同学校的教师,回收的有效问卷共计 885 份(发放 1000 份)。调查分别选取北京、天津、黑龙江、上海、浙江、福建、广东、四川等省市不同地区、不同学校的高中生,回收的有效问卷共计 3478 份(发放 5000 份)。调查分别选取北京、上海、天津、广东、福建及黑龙江等省市不同地区、不同学校的初中生,回收有效问卷 7313 份(发放 10000 份)。调查结果表明:教师、高中生及初中生防灾素养整体水平较低,大多具有正向积极的防灾态度,防灾知识、技能偏低。但这只能看作全国较高水平,而不能看作一般水平,真实情况可能更令人堪忧。在此基础上,提出要针对学生年龄、心理特点及防灾素养水平开展灾害教育相关研究，以期形成长效机制，进而促进灾害教育的开展与学生防灾素养的提升。

比较研究发现，国外大部分国家开展灾害教育较早、体系较成熟，具有配套的教学资源，且采用恰当的教学方法，教育效果较好，民众防灾素养较高。但我国学校灾害教育实施现状不尽如人意，存在诸如"教师虽积极认同灾害教育价值，但教学中却较少主动实施"等问题。除学校灾害教育进行研究外，分别从实施主体、途径与方法来探讨我国公众灾害教育的开展模式，以构建"学生—家庭—社会"三位一体、学校教育与公众教育"双核互动"的灾害教育体系。

本书可为学校教育管理者、广大教师、教育研究者以及防灾减灾科普宣传教育工作人员所参考。囿于作者的知识水平等因素，书中错误再所难免，敬请批评指正。

张 英

2014 年 8 月 6 日

目 录

上篇 理论篇

上篇 理论篇

1 灾害教育研究缘起

灾害教育，也称为防灾教育、减灾教育或减轻风险灾害教育（Disaster education；Disaster prevention and mitigation education；Education for disaster reduction），主要旨在减轻包括地震、洪水、台风等自然灾害风险和损失的教育。后来，随着火灾、安全生产事故、环境污染事故等人为灾害的不断扩大，灾害教育的范畴也扩大到人为灾害。在我国台湾地区"防灾教育"包括了自然灾害、人为灾害与其他安全教育，在英国安全教育（safety education）包括了自然灾害教育，在日本灾害教育（disaster education）得到了相当的重视，主要侧重自然灾害教育，也包括针对人为灾害的教育（张英等，2008，2011）。同时，针对如果内前些年威胁校园安全环境与正常教育秩序的校园突发性安全事件等而进行的教育，称之为安全防范教育。

旨在进一步加强学校防灾安全教育，培养中小学生的公共安全意识和面临突发安全事件时自救自护的应变能力，确保学生生命安全，我国政府相关部门颁发了一系列文件。2002 年 6 月颁布了《学生伤害事故处理办法》。2006年 9 月，教育部和公安部以及其他 8 个部委联合制定了《中小学幼儿园安全管理办法》，提出了安全教育的基本框架，包括：安全防护教育、交通安全教育、消防安全教育、安全卫生教育、灾害避险自救教育和演练。2007 年 2 月，根据《义务教育法》《未成年人保护法》《国家突发公共事件总体应急预案》及《中小学幼儿园安全管理办法》《教育系统突发公共事件应急预案》，教育部制定并由国务院办公厅转发了《中小学公共安全教育指导纲要》。这个纲要在联合国的指导下，吸收国外安全教育的经验和教训，进一步深化了《中小学幼儿园安全管理办法》中所提出的安全教育内容，首先把灾害教育和安全教育等综合起来，按照我国教育系统的应急管理体系，第一次系统地提出了"公共安全教育"的概念和框架，其主要内容包括预防和应对"社会安全、公共卫生、意外伤害、网络、信息安全、自然灾害"以及影响学生安全的其他事故或事件六个模块。它的重点是"帮助和引导学生了解基本的保护个体生命安全和维护社会公共安全的知识和法律法规，树立和强化安全意识，正确处理个体生命与自我、他人、社会和自然之间的关系，了解保障安全的方法并掌握一定的技能"。2009 年 6 月 1 日，为了加强学校安全工作的落实和推进，教育部针对学校和教师出台了《中小学安全工作指南》。我国的中小学公共安全教育的思路、框架和结构很完善，不亚于发达国家。但在实施过程中，出现了一些问题，如学校重管理，轻教育；教育课程目标与内容、教学方法、效果评价还有待研究；缺乏与社区联动；教育重知识目标，轻视学生防灾技能养成；缺乏安全教育师资力量等问题。

现行教育体系下，关于灾害知识，大多在中小学地理、自然科及社会科教材中，重点介绍自然灾害的成因及影响，较少在课本或课堂中提及防灾技能。鉴于灾害教育的重要意义，其理应纳入学校教育体系。

1.1　研究背景

如果世界上没有人，地震、火山喷发、泥石流、海啸这一切都只算得上自然现象，但自从有了人类，这些现象就被视为灾害，因为其不可阻止并可能造成了一定的人员伤亡与财产损失。如何看待和认识灾害是我们需要思考的问题，人类应在正确认识人与自然灾害的关系的基础上，思考如何进行防灾减灾活动、减轻灾害所带来的影响。

人类发展的历史是不断反思人与自然关系的历史，从"敬畏大自然"到"人定胜天"，再到当今人地和谐的可持续发展视角，可以说都是人类对人地关系认识的进步。人口、资源、环境与发展问题，简称 PRED 问题，历来是地理学、可持续发展科学研究关注的重点，此处的环境不仅仅指环保领域的环境，也包括了孕育灾害的环境，即人类生活的环境，环境问题、灾害问题可以说是人们实现可持续发展战略必须面临的两大难题，环境污染与生态破坏大多是人类作为主导因素而产生的破坏，我们可以通过环境保护、生态治理去解决这些问题。灾害问题与环境问题都是人与自然，简称人地关系的两个重要组成方面，但灾害问题不同于环境问题，灾害问题是自然为主因所带来的一些问题，但人类也可以采取相应措施减少灾害的影响。这些都可以纳入到可持续发展战略视角去思考。

1999 年 12 月联合国大会通过了国际减灾战略，2002 年减灾被确认为可持续发展世界首脑会议《约翰内斯堡执行计划》中可持续发展的关键组成部分。"国际防灾十年"（IDNDR, International Decade for Nature Disaster Reduction）提出"教育是减轻灾害的中心，知识是减轻灾害成败的关键"，呼吁国际社会采取一致的行动以较少自然灾害带来的影响，期使各国皆能增进减灾能力，利用现有的科技知识提升防救灾技术水准，并借由技术协助与转移、教育训练及效果评价等措施发展更有效的自然灾害评估、预测、预防及减灾的方法。可见国际上很重视减轻自然灾害，而且明确指出教育是减轻自然灾害的重要手段，需要提高公众整体的灾害意识和加强家庭、学校、社区等全社会的备灾能力。从 1991 年以来的减灾日主题来看，减轻自然灾害一直非常重视教育，特别是 2000 以来。2000 年、2006 年和 2007 年的主题都与学校和教育有关，非常强调学校及社会教育在减轻自然灾害中所起的作用。

灾害教育始于学校，学校是开展灾害教育的最佳场所。灾害教育能够有效地提高学生的防灾素养和灾害意识,对灾害形成原因以及分布有深入的了解和掌握,掌握一些防灾减灾、应急避险的知识和技能,从而能不同程度地改变学生们的观念和行为,形成积极的态度,从而确保生命安全;同时还能向家庭与社会扩散,提高全民防灾素养;从长远角度看,具有一定防灾素养的工作者能在灾害管理、防灾科技等多方面重视防灾减灾工作,实现真正意义上的防灾减灾。

国外一些发达国家,灾害教育体系较为成熟,而我国的灾害教育教学与研究,与国外相比还显得比较薄弱;这与我国自然灾害频发、公民减灾意识淡薄的基本国情不相适应。国内灾害教育研究基本处于起步阶段,研究大多为经验介绍式、呼吁式研究,具体的、细化的研究并不多见。专门对灾害教育理论进行研究的文章较少且不成系统,研究方向受到局限,灾害教育实践效果也难以得到保证。

汶川8级地震后,国家更加重视灾害教育,中共中央提出要将防灾减灾知识纳入国民教育体系;不少专家学者也呼吁把灾害教育研究纳入可持续发展战略体系;"国家防灾减灾十二五规划"已显现出对其重视程度;但灾害教育实施现状却不尽如人意。因此开展灾害教育理论与实践研究意义重大且迫在眉睫。

1.1.1 社会发展需求

自然灾害频发、公民意识淡薄、教育培训可为。近几十年以来,世界自然灾害频发,造成的损失日趋严重,影响经济社会可持续发展与公民生命安全。据联合国统计,近70年来,全世界死于各种灾害的人口约458万人。地震尤甚,已发生过4次造成20万人以上死亡的大地震。人类社会每年创造的财富,约有5%被各种灾害所吞噬。如何减轻灾害带来的风险已成为全球可持续发展战略面临的重大课题。人类在抵抗灾害过程中,积累了大量的经验。主要有开展对灾害的预报工作;实施防灾对策;防灾和救灾立法;实施灾害保险;宣传和普及防灾、救灾知识,进行防灾、救灾演习训练等。在各种减灾措施中,教育和培训是不可分割的关键措施之一。教育可以让人们获得更充分的防灾减灾所必需的知识、技能与态度。

1.1.2 学术研究价值

我国在灾害教育研究属于起步阶段,灾害教育相关研究在国内属于学术研究前沿。研究大多不深化、具体,理论研究与实践相脱节,这与国外相比还显得比较薄弱;同时与我国自然灾害类型多样、频繁发生的基本国情不太相适应。灾害教育实践需要理论研究的指引,如师生防灾素养现状水平;公众灾害教育开展模式等问题亟需研究。研究试图引起学术界及决策层重视,通过"自上而下"的模式保障灾害教育的实施；同时，也期盼通过调查、访谈的形式启迪广大教育管理人员、教师、科普工作者等相关人员，使其具有开展灾害教育的意识，实现"自下而上"的模式，促进其开展。

1.2 研究意义

1.2.1 深化对灾害教育内涵及其研究的理解

如上所述，由于我国的灾害教育研究尚处于起步阶段，其研究不够深入，导致到目前为止，对于灾害教育的定义、内涵缺乏统一认识。研究者对灾害教育基本概念进行了界定，试图探讨其理论体系，这必将为后续研究奠定理论基础。

针对我国关于灾害教育的研究中存在基础研究与应用研究相脱节的现象，本文试图从基础理论和应用理论两方面着手对灾害教育展开研究。在理论建构的同时，试图将灾害教育的基本理论融入实践之中，这有助于促进灾害教育的理论与实践相联系。

1.2.2 了解其他国家和地区灾害教育的现状

在总结其他国家和地区开展灾害教育的经验与教训的基础上，介绍日本、美国以及一些发展中国家和地区开展学校、公众灾害教育的研究与实践现状。这将有助于系统了解其他国家和地区灾害教育的现状。

1.2.3 为灾害教育理论研究与实践提供参考

研究开展了全国范围内、大规模的关于"防灾素养"的调查研究，能从一定程度真实反映广大师生实际的防灾素养水平，发现存在问题并进行原因分析，这能为课程开发、教学实施等方面奠定理论基础，也可为今后相关政策制定所参考。除学校灾害教育研究外，率先开展了对公众灾害教育开展模式的探索，以观察、访谈等调查研究、案例研究的形式真实反映了公众教育维度的实施现状，并提出了若干建议，期望为公众灾害教育实施者所参考。

1.3 研究视角

为什么要从地理教育、可持续发展教育视角开展灾害教育理论与实践研究，可以从以下几个角度理解。

第一，地理教育价值拓展的需要：地理学科有着丰富的与灾害教育有关的教育内容和因素，开展灾害教育也可拓展地理教育的价值。汶川地震等灾害发生后，地理学人无时无刻不在思考着如何把灾害损失降到最低。地理科学是研究地球表层系统的物质组成及结构、发生发展和变化规律的一门学科，尤其是各部门自然地理学是研究各个环境要素的发生发展和演变以及与人类的相互关系。各种自然灾害均在地理环境中发生，地理是开展灾害教育最理想最合适的学科。

第二，环境与可持续发展教育研究的深化：可持续发展教育框架下的灾害教育可以凸显灾害议题的重要意义，完善可持续发展教育内容体系与框架结构。从人地关系视角看环境问题与灾害问题的本质，一个是人类为主因导致，一个是自然因素导致，这是人地关系的两个重要方面。人类在发挥主观能动性的时候要尊重自然规律，不破坏环境如此；面对灾害不要过度恐慌和害怕，正确看待灾害亦如此。纳入灾害教育的环境教育才是完善的环境教育体系，也可从面向可持续发展的角度探讨。

第三，灾害教育理论与实践研究的需要：研究方向发展需要基础理论研究；同时没有理论基础的实践研究是没有根基的。灾害教育研究符合灾害学学科发展需要，又可丰富其学科体系。

1.4　研究目标与内容

研究旨在推进灾害教育理论与实践研究，促进我国灾害教育理论研究与实践，提高师生乃至全民防灾素养、培育安全文化、建设安全安心社会。具体包括：通过国际比较、调查研究分析我国师生防灾素养水平、存在问题、原因及指定相应措施；公众灾害教育开展模式的理论探索与案例研究。

灾害教育的重要意义自不待言，但目前灾害教育在国内尚属于新兴研究领域，一系列问题还需要研究，如灾害教育的课程目标、内容如何确定，教学如何开展，防灾素养、灾害教育的效果如何评价等都是亟待研究解决的问题。国内关于灾害教育的研究大多为介绍式、呼吁式，专门对灾害教育理论进行深入研究的文章较少且不成系统，研究者认为没有理论支撑的灾害教育实践是没有根基的，灾害教育实践效果也难以得到保证。

灾害教育理应由学校、家庭、社会三个维度构成"三位一体"的灾害教育体系、学校灾害教育与公众灾害教育"双核互动"模式。学校灾害教育应该首先发展，因为学生可以向家庭和社会传播防灾减灾知识、能力，进而提高整个社会的防灾素养。公众灾害教育也是灾害教育的重要组成部分，鉴于此，研究按照研究体系可以划分为：①对学校灾害教育的研究，包括中学教师、高中、初中生防灾素养调查研究。②对公众灾害教育的研究，包括遗址地、博物馆等教育类场所通过解说开展灾害教育的研究；大学、学术组织、地震局、媒体、NGO 等相关组织开展公众灾害教育案例研究。③灾害教育策略研究，包括解说发展对策研究等。

1.4.1 核心问题

研究需要解决"为何研究？研究什么？如何研究？等问题"，研究者通过"现状－问题－策略"的思路，进行防灾素养调查研究；公众灾害教育开展模式等问题都是研究的核心问题。

1.4.2 名词界定

1.4.2.1 灾害

灾害是对能够给人类和人类赖以生存的环境造成破坏性影响的事物总称，其会造成人口的大量死亡、给社会经济造成破坏、造成社会不稳定。灾害的分类，按照起因有人为灾害或自然灾害；根据原因、发生部位和发生机理划分有地质灾害、天气灾害和环境灾害、生化灾害和海洋灾害等。

1.4.2.2 灾害教育

灾害教育是以防灾安全、地理学、教育学、心理学等学科知识理论为基础，培养公民具有灾害意识、防灾素养为核心的教育。其目的是使受教育者掌握一定的关于灾害本身及防灾、减灾、救灾与备灾的知识、能力与态度，树立正确的灾害观，正确看待灾害本身及其发生发展规律，正确地进行相应防灾、减灾、备灾、救灾活动，进而培育全民安全文化。

1.4.2.3 防灾素养

防灾素养（Disaster Prevention and Mitigation Literacy）是指公民具备的防灾减灾知识、能力与态度的总和。具体包括防灾知识、防灾技能与防灾态度三个层次，提高公民的风险意识与防灾素养是灾害教育的核心目标。防灾素养是衡量一个国家或地区文明程度的一种标识。

1.4.2.4 公众灾害教育开展模式

公众灾害教育开展模式，简而言之就是公众灾害教育的实施主体、途径与实施方法所组成的别于其他的结构形式。

1.5 灾害教育研究的缘起

可持续发展是一个世界性课题，人口、资源、环境、发展问题历来是经济社会发展关注的热点。灾害（disaster）是极具破坏力的因子，是经济、社会、环境实现可持续发展的重大制约因素，防灾减灾是研究如何实现可持续发展的一个重大课题。1999 年 12 月联合国大会通过了国际减灾战略，2002 年减灾被确认为世界首脑会议《约翰内斯堡执行计划》中可持续发展的关键组成部分。灾害与环境是人地关系的两个重要组成方面，防灾减灾与环境保护同样至关重要，理应纳入可持续发展视角，理应成为生态文明建设应有之义。

"国际防灾十年"（IDNDR, International Decade for Nature Disaster Reduction）提出"教育是减轻灾害的中心，知识是减轻灾害成败的关键"，呼吁国际社会采取一致行动以较少自然灾害带来的影响，期使各国增进减灾能力，利用现有的科技知识提升防救灾技术水准，借由技术协助、技术转移、教育训练及效果评价等措施，发展更有效的自然灾害评估、预测预防及减灾的方法。从1991年以来的减灾日主题看，减轻自然灾害一直非常重视教育，特别是2000年、2006年和2007年的主题都与学校和教育有关，强调学校及社会教育在减轻自然灾害中所起的作用。在各种减灾措施中，教育和培训是不可分割的关键措施之一。灾害可以预防和减轻；灾害教育可以让人们获得更充分的防灾减灾所必需的知识、技能以及态度。

灾害教育始于学校，学校是开展灾害教育的最佳场所。灾害教育能够有效地提高学生的防灾素养和灾害意识，对灾害形成原因以及分布有深入的了解，掌握一些防灾减灾、应急避险的知识和技能，能不同程度地改变学生们的观念和行为，形成积极的态度，正确对待灾害，同时还能向家庭与社会扩散，带动提升全民防灾素养。在这样的教育背景下，专家能在防灾管理、防灾科技等诸多方面发挥社会作用，从而实现真正意义上的全社会防灾减灾。

汶川大地震后，中央提出要将防灾减灾知识纳入国民教育体系；不少专家学者也呼吁把灾害教育研究纳入可持续发展战略体系；"十二五国家防灾减灾发展规划"也凸显其重视程度。但灾害教育实施现状却不尽如人意。因此，开展灾害教育理论与实践研究、安全安心校园建设意义重大且迫在眉睫。灾害教育理论研究与实践研究既符合国家需要，又能促进学科发展，提高公民灾害意识与防灾素养，保证人民群众生命安全。

灾害教育可以从一定程度解决公民灾害意识、防灾素养存在的一系列问题，从某个程度说灾害教育是可以救命的。在政策法律、法规保障之外，在防灾减灾科技支撑之外，在建筑质量安全问题之外，在灾害救援救助之外，灾害教育是至关重要的，是完备的防灾减灾体系之一。

减灾教育与防灾教育不能涵盖这一教育的全部内涵，灾害教育的称谓更加合适。灾害教育是以培养公民具有灾害意识、防灾素养为核心的教育。其目的是使受教育者掌握一定的关于灾害本身及防灾、减灾、救灾的知识，树立正确的灾害观，正确地进行相应防灾、减灾、救灾、备灾活动。灾害教育应该是由学校、社会、家庭构成的"三位一体"的灾害教育体系，学校教育与公众教育"双核互动"。

1.5.1 灾害教育研究的迫切性

我国是自然灾害危害最为严重的国家之一，公民的灾害意识淡薄，防灾素养不高，不能正确地看待和认识灾害，也不知道如何更好地进行防灾、减灾、备灾和救灾。结合我国的地理国情，灾害是影响到可持续发展策略的实施的制约因子之一，灾害教育可以从一定程度解决公民灾害意识、防灾素养存在的一系列问题，提高其防灾减灾能力。

国内文章多为经验介绍之类，研究深度不够；同时，灾害教育实践缺少理论指导与政策支持，研究方向的发展，需要确定的研究对象，需要获得相应政策支持。学术研究不仅要满足社会需求，更要预测社会需求。灾害教育是以灾害教育现象为研究对象，旨在提高灾害教育效果，促进我国灾害教育研究与教学的实践发展，提高全民防灾素养、培育安全文化。

"您是如何理解灾害教育的重要性、必要性？"教师给出了如下的回答：我国是一个灾害频繁发生的国家、对学生进行灾害教育，提高学生的忧患意识，培养学生的正确人地观，有重要的现实意义；非常有必要、学习地理是为了更好地生活，抵御自然灾害是地理责无旁贷的选择；地壳是不断运动的，沧海桑田不断变化，所以世界各地灾害性天气也是不断频繁发生的，客观存在的，我国人类无法阻止，但可以预测、防范；生命是可贵的，自然灾害发生的频率越来越高，应该教给学生一些防灾避灾的方法；灾害教育是与学生学习与生活有用的地理紧密相连的，是地理课堂的基本理念的体现，知识性与适用性具体彰显，应多要求；灾害多发带来的灾害、损失案例说明了人类活动与灾害的关系；中国是自然灾害频发的国家，每一次重大自然灾害带来严重损失，应重视；我国是一个灾害频繁的国家，提高防灾减灾意识很重要；生存、生活需要。可见，几乎所有教师都认同灾害教育价值。

人口、资源、环境、发展问题即"PRED"问题历来是地理学研究和教学关注的热点，灾害（Disaster）是一个极具破坏力的因子，是经济、社会和环境实现可持续发展的重大制约因素，防灾减灾是可持续发展面临的重大任务，有关灾害的研究理应纳入地理学研究视野，防灾减灾目标的实现主要是依靠灾害教育，灾害教育也应纳入地理与可持续发展教育框架下（"PRED+D"）。谓之必要性。

灾害教育可以从一定程度解决公民防灾素养过低等一系列问题，提高其防灾减灾能力。从某个程度说灾害教育是可以救命的。在政策法律法规保障之外，在防灾减灾科技支撑之外，在建筑质量安全问题之外，在灾害救援救助之外，灾害教育是至关重要的，其与上述要素一起构建起完备的防灾减灾体系。谓之重要性。

近几十年以来，世界自然灾害次数持续频发、损失日趋严重。但公民的灾害意识淡薄，不能正确地看待和认识灾害，也不知道如何更好地进行防灾、减灾和救灾活动。在各种减灾措施中，教育和培训是不可分割的关键措施之一。灾害可以预防和减轻；灾害教育可以让人们获得更充分的防灾减灾所必需的知识、技能以及态度；包括地理学科在内的学校课程有着丰富的与灾害教育有关的教育内容。谓之可行性。

1.5.2 如何开展灾害教育研究?

国内灾害教育研究目前尚未有专门系统科学的灾害教育理论,灾害教育的实践也很欠缺,这更加显得灾害教育理论构建的重要性。灾害教育理论的构建有两种缘起:一是源于本土的自觉;二是国际比较之后的移植。也就是所谓的自主创新与国外移植,理论构建既要具有国际观瞻,又有具有本土情怀。

纵览目前灾害教育的研究可以看出具有地理学背景、灾害学背景、教育学背景、公共安全科学技术背景的研究人员是主要力量,当然也有运用其他学科视角审视灾害教育的研究,也有基于人道主义、人权从生命教育探讨的研究。值得注意的是:教师是行动研究的主体,是灾害教育研究的重要力量。

研究者开展了灾害教育的基本理论研究,界定了灾害教育研究对象与基本概念;进行国内外相关文献综述,提出国内文献分析维度,划分国际灾害教育发展阶段;论述了从地理教育、环境教育、可持续发展教育切入灾害教育研究的优势和方法,提出在可持续发展教育框架体系(PRED+D)下构建灾害教育体系;分析了中学的灾害教育现状、存在问题及发展策略,阐明了地理教育与灾害教育的关系,在此基础上提出了地理教学进行灾害教育教学策略;除研究学校灾害教育外,还对灾害遗址、博物馆等场所运用解说手段进行社会灾害教育进行了探索与研究;对我国灾害教育发展进行了展望。

灾害教育课程建设十分必要,但没有理论研究的灾害教育目标构建、课程设计、教学实施、教学评价都是盲目和没有根基的,同时防灾素养与实施现状调查也需要研究基础,所以很有必要针对灾害教育研究做一些理论探讨。目前我国灾害教育尚无统一课程体系,尚无评价标准,教学方法尚待研究,教学资源开发设计也存在一系列问题,灾害教育的重要性还没从根本上得到重视,是学科渗透还是单独设课,是在地理学科进行灾害教育?还是纳入整个安全教育的范畴?这些都值得思考。

既然灾害教育现阶段存在如上问题,我们如何通过研究与实践去解决上述问题呢?以下主要从地理教育、环境与可持续发展教育切入的优势分析,找到地理教育研究灾害教育的基点。

从地理教育切入的优势:地理教育有着丰富的灾害教育内容与因素,地理课程标准中有丰富的灾害教育内容,同时对比可发现高中各个版本地理教材中也如此,中学地理中讲地震、洪水、台风和干旱等自然灾害,其是进行灾害教育的最佳载体。

从环境与可持续发展教育切入的优势:地理学研究人地关系,灾害是发生在自然与社会系统中影响可持续发展的制约因子,与人类所造成的环境问题不同,灾害主要是自然与社会为主因产生的,人们只能被动的接受吗?人们应该认识灾害发生发展的规律,进行相应防灾减灾活动而减轻灾害所带来的损失。自然灾害是自然现象的一部份，灾害的并不会停止，但我们可以通过教育减低灾害的影响并学习与自然共处，这必须由环境教育着手。

John Lidstone（1998）、叶欣诚、林秀梅等学者（2001，2007）论述灾害教育属于环境教育研究范畴。关于环境的教育、从环境的教育、为了环境的教育（about、from、for），借用到关于灾害的教育，从灾害中学习的教育，为了环境减灾的教育。另外，研究中的防灾素养概念也是环境素养中衍生而成。研究者（2008d）建议把灾害教育纳入可持续发展教育体系，构建以"PRED＋D"教育问题为研究核心的可持续发展教育体系。2011年调查分析指出，灾害教育应积极融入到可持续发展教育，受教育者能正确看待人地关系，热爱、珍惜生命，成为积极而负责任的地球公民。

只有深入研究防灾素养等基本概念，从根本上解决了灾害教育的目的、目标，才能科学地设计素养调查，在此基础上进行课程设计，开展教学模式与方法研究，实施教学，之后通过防灾素养的评价来反馈灾害教育系统，促进灾害教育发展、提高学生防灾素养，保证灾害教育效果。

1.6 灾害教育的基本概念

可持续发展是一个世界性议题，人口、资源、环境、发展问题即"PRED"问题历来是地理学研究和教学关注的热点。灾害（Disaster）是一个极具破坏力的因子，是经济、社会、环境实现可持续发展的重大制约因素。防灾减灾研究实现可持续发展战略的重大课题，有关灾害的研究理应纳入地理学研究视野。防灾减灾目标主要依靠灾害教育而实现，灾害教育也应纳入地理与可持续发展教育（"PRED＋D"）框架下（张英等，2008d）。"国际减轻自然灾害十年"中指出："教育是减轻灾害计划的中心，知识是减轻灾害成败的关键"。灾害教育可提高学生防灾减灾知识与能力，促进学生灾害与可持续发展意识的深化，在根本上改变其观念和行为。

1.6.1 灾害教育的概念

在我国台湾地区"防灾教育"包括了自然灾害、人为灾害与其他安全教育，在英国安全教育（safety education）包括了自然灾害教育，在日本灾害教育（disaster education）得到了相当的重视，主要侧重自然灾害教育，也包括针对人为灾害的教育。灾害教育从英文看有多种表达（Disaster education；Disaster prevention and mitigation education；Education for disaster reduction），研究者认为灾害教育的称谓最合适。防灾教育和减灾教育从其内涵来看涵盖不了该种教育的全部目的和内容。

目前还没有"灾害教育"的完美定义。灾害教育是为达到防灾减灾的目的，以培养公民具有灾害意识、防灾素养为核心的教育。其目的是使受教育者掌握一定的关于灾害本身及防灾、减灾、救灾与备灾的知识、能力与态度，树立正确的灾害观，正确看待灾害本身及其发生发展规律，正确地进行相应防灾、减灾、备灾、救灾活动（张英，2008；2010）。灾害教育有着深刻的实践性、仿真体验性，并有着丰富的教育内容与价值。应从应该较大的范畴，较长远的眼光来看待其价值，灾害教育并不仅仅是告诉你灾害来了怎么躲，发生灾害怎么办，这样理解有些狭隘，而是包括灾害发生发展规律、防灾减灾等知识系统，研究者认为：灾害教育可以看作"关于灾害的教育、为了环境减灾的教育、从灾害中吸取教训的教育"。

灾害教育、安全教育与生命教育有着一定的区别与联系，前两者是以后者为理论基础的，但灾害教育还需要有关防灾减灾的专业知识、技能与态度，灾害教育包括针对自然灾害教育与人为灾害教育的教育，其内涵与安全教育几近相同，灾害教育强调的是侧重"预防、减轻灾害"，安全教育是为了达到"安全"的结果，灾害教育比安全教育更注重防灾减灾意识的培养；从实施侧重看，安全教育侧重政策管理维度，灾害教育侧重学科教学实施维度；从教育内容看，安全教育侧重人为灾害，灾害教育侧重自然灾害；安全教育主要是为了达到安全的状态，灾害教育更可发人深省。从词义看，灾害教育从字面上理解偏重教育内容，防灾教育则偏重教育目标，灾害教育涵盖防灾教育、减灾教育。"灾害"易被理解为只是自然灾害，其还包括人为灾害等。研究者认为应整合安全教育与灾害教育，构建新的防灾安全教育体系。

1.6.2　灾害教育的内涵

从图 1-1 中我们可以清楚地看出灾害教育在其内容、目标、具体操作实施策略维度上的重要层次和要素。中学灾害教育包括内容层（防灾、减灾、备灾等）、目标层（知识、技能、态度维度）、操作层（课程设计、教学实施、教学评价等）。深入理解灾害教育的层次维度及其内容要素对于开展灾害教育研究与实践有着重要意义。

我们可以从其内涵的三维结构深入理解其含义。同时我们可以从时间、空间、实施者三个维度区分灾害教育的具体形式，思考如何开发设计灾害教育课程、

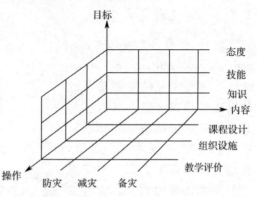

图 1-1　灾害教育的内涵结构图（张英，2008）

开发教学资源，以及如何设计相应的教学活动、选择什么样的教学策略、方法和采用什么样的评价方式等问题。

1.6.3 灾害教育的形式

灾害教育按照时间维度可以分为：学前、中小学、大学灾害教育以及成人灾害教育等；其按照空间维度可以分成：学校灾害教育、家庭灾害教育、社区（会）灾害教育或学校灾害教育、公众灾害教育。其按照实施者维度可以分成：正规的灾害教育、非正规的灾害教育、正式的和非正式的灾害教育等。

1.6.4 风险意识的内涵和结构

要对学生进行灾害教育，首先得让教师和学生明确什么是灾害与风险意识。所谓灾害意识（Disaster Awareness），是指人们对灾害现象的主观反映，包括防灾意识、减灾意识、备灾意识。也可划分为灾前意识、灾中意识、灾后意识。还可以分为正确的和错误的；个人的与群体的灾害意识。研究者完善灾害意识的内涵与结构，认为风险意识（Risk

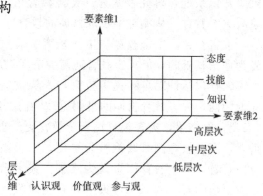

图 1-2 风险意识的内涵结构图

Awareness）更能准确表达其内涵，人类生活在风险社会中，具有风险意识的公民能把风险降到最低，确保自身、他人与社会的安全，研究者绘制了风险意识的内涵结构图（图 1-2），其要素维 1 包括防灾知识、防灾技能与防灾态度；要素维 2 包括防灾认识观、价值观、参与观、法治观等。

1.6.5 防灾减灾素养

防灾素养（Disaster prevention and mitigation Literacy）是指现代公民需要具备的防灾减灾知识、能力与态度的总和。具体包括防灾知识、防灾技能与防灾态度三个层次，提高公民的灾害意识与防灾素养是灾害教育的核心。灾害意识与防灾素养是衡量一个国家或地区文明进步程度的一种标

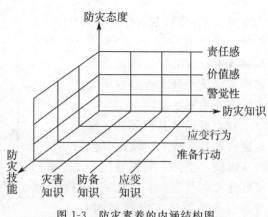

图 1-3 防灾素养的内涵结构图

识。研究者绘制了图 1-3，以清晰了解防灾素养内涵结构。

1.6.6 防灾减灾能力

防灾减灾能力是指具有能够在相应时刻进行相关防灾减灾活动的能力，进行灾害教育的主要目的就是提高学生应对灾害时的防灾减灾能力在内的防灾素养。从灾害意识到防灾减灾能力，可以看作是从意识到行为的过程转化。

1.6.7 灾害教育的目的

灾害教育是由学校、家庭、社会三个维度构成的。其中，学校灾害教育应该首先发展，因为学生可以向家庭和社会传播防灾减灾知识、能力，进而提高整个社会的灾害意识与防灾素养。学校灾害教育希望能提升学生人道关怀的一面，期望学生采取积极预防的态度并能成为有正确防灾观念的负责任公民。

我国台湾地区"防灾教育白皮书"（2004）中提出防灾教育的四个基本理念，即：深植"预防重于治疗"的观念；导向"永续发展"；建立主动积极的"安全文化"；迈向"零灾害"的愿景。灾害教育旨在提升公民对灾害的认知，培养公民具备良好的防灾素养，以强化社会防灾减灾能力，减轻灾害风险。中小学生防灾教育的目的，在于培养学生良好习惯，使之具备基本防灾素养。希望通过从小的学校教育，提升公民对灾害的认识，了解灾前准备和紧急应变的重要，能够在灾害发生时，选择适当的应变措施来减轻可能的灾害影响和保护自身安全。因此，学生要对区域性的自然灾害，或所处环境可能潜在的人为灾害有所认识，知道防范、减低及因应灾害的方法与技能，更重要的是要培养学生面对灾害防治的正确态度与意识，以及提供防灾演练来提高学生面对灾害发生时的应变能力。

张英（2011）认为：灾害教育的价值简而言之，旨在提高全民防灾素养、培育防灾安全文化、建设安全安心社会。

1.6.8 灾害教育的特点

灾害教育不同于一般的知识教育，对灾害教育来说，不仅追求认知目标的达成，还要促成学生心理机能的完善、行为的规范（张英，2008a），灾害教育有着深刻的实践性、仿真体验性。所以教学实践中要考虑其特性，如要重视防灾演练和教学方法的多样化，要将其纳入学校教育课程，以法律法规保障其实施效果。

灾害教育还具有综合性、全民性与国际性等特点。灾害教育涉及自然科学、技术科学、社会科学的多领域，是全面的、综合的、跨学科的教育；需要面对全体公民，灾害教育须从幼儿开始，贯穿人的一生，进行全程教育；灾害可造成全球性问题，需要全人类的共同努力。此外，灾害教育还应该进行国际交流与协作，关注发展中国家，关注落后地区与脆弱性。

1.6.9　灾害教育的原则

科学性原则：是指灾害教育要以人地协调观念为指导，保证教育理念的科学性；以学科知识为基础，保证教材内容的科学性；根据学生身心发展规律及教育教学规律选择教学方法，开展针对性教育。综合性原则：灾害问题本身就具有综合性；灾害教育也需要多学科，多部门，多维度的协同。只有贯彻综合性的原则，灾害教育才能真正落实。主体性原则：是指在灾害教育教学实践中，以学生为主体，调动学生参加灾害教育活动的积极性与主动性，促进其自由发展。体验式原则：强调学生的亲身体验，改变单一的接受性学习方式、讲授式教学方式，把灾害教育的理念有机融合到学生的生活之中，努力使学生在体验式学习中获得经验，真正提高学生的防灾素养。

1.6.10　灾害教育的作用与系统定位

汶川 8 级地震后，灾害教育引起了学术界及决策者相当程度的重视，但实施情形却不尽如人意。我国大部分地区与日本、美国等国还有一定差距。灾害教育体现了教育的本义，即促进人的全面的可持续发展，从某个程度说灾害教育是可以救命的。当然我们不可能神化灾害教育，企图其能解决一切问题，但在建筑质量安全问题之外，在防灾减灾科技体系之外，在政策法律法规之外，在灾害管理体系之外，灾害教育是至关重要的，上述体系一起构建起防灾减灾的完备体系（图 1-4）。

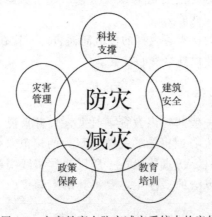

图 1-4　灾害教育在防灾减灾系统中的定位

2 灾害教育概述

灾害教育的重要性已逐渐被认同，开展灾害教育理论研究，需要对我国灾害教育相关文献进行梳理，以了解已有研究与实践现状，清楚把握灾害教育实施现状与存在问题，探寻发展脉络，并预测其发展趋势。

国外一些发达国家，灾害教育体系较为成熟，而我国在灾害教育与防灾素养等方面的教学与研究，与国外相比还显得比较薄弱；这与我国自然灾害频发、公民防灾素养偏低的基本国情不相适应。鉴于此，开展灾害教育意义重大且利国利民。

我国自然灾害频发，损失日趋严重，加之公民防灾素养不高，中国面临实现可持续发展的压力，急需加强灾害教育理论与实践。具体来说：①当今知识经济时代的要求：人类已经步入了经济社会高速发展的时代，人类在创造高度的物质文明和精神文明的同时，面临着自然灾害的威胁及其带的损失。自然灾害的发生是不可避免的，但是我们可以通过科学预测、防灾减灾把其损失减少到最小，灾害所带来的损失的减少依靠政策措施、科学对策和灾害教育，这些都是值得我们思考并加以解决。②我国灾害多发、频发的现实响应：我国是自然灾害影响严重的国家。地震、台风、干旱、洪水、泥石流等自然灾害是特殊的地理现象，灾害给我国带来了严重的人员伤亡和经济损失，进而影响社会稳定。③可持续发展的需要：可持续发展是当代人的发展不以损害后代人发展能力为代价。灾害是可持续发展的制约因子，我们虽不能改变自然灾害发生与否，但是我们能将其损失降低到最小。要想实现可持续发展就要人们具有较高的防灾素养与正确的科学发展观、可持续发展意识。

文献综述的分析维度主要从以下方面思考：灾害教育理论研究综述；学校灾害教育、公众灾害教育研究综述等维度展开。公众灾害教育研究综述放入"公众灾害教育开展模式"一章中，学校文献按照理论维度划分到基本问题综述范畴。论文综述分析程序按照以下顺序进行：①灾害教育历史、现状与发展趋势研究；②灾害教育基本概念研究；③灾害教育的重要性、必要性与可行性研究；④灾害教育的目的、价值和理想形态功能研究；⑤灾害教育存在的问题、实施途径和策略研究；⑥灾害教育的长效机制、框架体系研究；⑦灾害教育课程、教学、评价及培训研究；⑧主要研究方法与已有研究不足；⑨总结与展望。

2.1　国际灾害教育历史、现状与发展趋势

　　国际灾害教育发展阶段可以分为：1989～1994 年，灾害教育提出阶段；1994～2005 年，灾害教育发展阶段；2005 年以来，灾害教育飞跃阶段。研究重点介绍先进国家和地区学校灾害教育概况，同时也选取一些发展中国家案例进行分析，以了解全面图景、以图借鉴。

2.1.1　实践概况

　　一些发达国家较早开展灾害教育，日本学校灾害教育已经有 30 年（Kaji，1993；Shaw，2004）。其主要特点有：以防灾演练为主，类型多样，主要以灾害防避和灾后救助技能演练为主，内容上特别重视地震及防火；途径上多以学校与社区联合教育为主。而发展中国家相对较晚，开始于九十年代中期，多数国家是在联合国"国际减轻自然灾害十年"和"国际减轻灾害战略"的一系列项目的支持下，或在发达国家的资金支持下，才得以大力开展灾害教育（谭秀华等，2010）。

　　早在 20 年前，日本就开始出版针对中小学校园安全的教材，并按照每一年级不断变化其中的内容。1995 年阪神大地震发生以后，日本更加重视在学校开展防灾教育，文部省（现文部科学省）号召各地中小学都要开展防灾教育，并组织编写防灾教材，分发给各个学校。2000 年编写了一套面向小学低年级学生的教材，名为"思考我们的生命和安全"。每年日本各地都根据当地的具体情况（多发灾种），开展多种形式的防灾训练（disaster drill）。每学习阶段（幼儿园至高级中学）都有合宜的防灾教育教材。学生有机会操练并熟悉一些避难求生的技巧，例如：每年至少有 1～2 次的地震避难训练、参观防灾中心等活动。与此同时，根据地区实际状况推进"兵库式防灾教育"；完善学校防灾机制（制作和修改抗灾工作指南、完善学校防灾机制、与地区防灾组织联动）；加强学校防灾教育（推进志愿活动教育；培养实践性态度和能力；制作地区学习材料，开展有效指导）；加大心理援助力度（完善教育咨询机制；面向受灾儿童的心理援助；共享信息，加强联动）。公众教育方面，日本在防灾减灾的宣传教育及灾害应急指挥系统建设方面具有先进水平。如在京都建有市民防灾中心，中心的最大特点是采用给参观者以亲身体验和感觉为主的教育培训方式，教育手段多样化、生动有趣。同样，神户建有"人与未来防灾中心"，这样的地方还很多。除此之外，社区也是开展灾害教育的合理场所。

　　美国重视灾害基础理论研究，利用法律、法规来管理减灾工作，强调提高人们的防灾意识，将减灾工作同经济发展、社会进步联系在一起。美国教育推展的主管事权在各州政府，但各州州政府的教育防灾体系却多参考 FE-

MA（联邦紧急事件管理局）的规划，并派教职员参与 FEMA 所提供的各项专业防灾训练课程（许明阳，2003）。美国红十字会在全美推广"灾害演习"课程计划，这一课程历时不长但取得了很大的成功。更重要的是，这已经正式列入全美学校课程；同时在美国红十字会网站也有相关的网络课程（prepare your home and family）。小孩在幼儿园就开始接受防灾训练，每半年警察就到幼儿园，教大家怎么逃生，所以人们很小就有逃生常识。这种灾害教育非常实用。

新西兰在 100 多年前就已经开始在学校进行火灾演练，近几十年来还发展了其他紧急事件的模拟演练，1977 年就已经把自然灾害与民事防御编写到教学大纲中，成为社会科的主题内容之一（John Macaulay，2004）。澳洲应急管理（Emergency Management Australia，EMA）与美国 FEMA 相似，有一个专门提供学校紧急事件管理的部门，统筹提供全国的教师、学生相关课程与训练，并编制有可供下载的各类教材与教学活动。澳大利亚地理教育工作者为贯彻国际减灾十年的理念进行了一系列的工作，值得我们借鉴和研究：澳大利亚地理教师协会编写了一本教材《你准备好了吗?》（Are you ready），除教材外还编印了"全球重大自然灾害记录""澳大利亚自然灾害分布图"等资料。同时，澳大利亚很注重孩子在社区中的学习。灾害教育的目的是创造出了一个富有活力的社区，在这个社区中，人们不再被动的依靠紧急反应机制，而是参与到灾害的预防和恢复之中。建设积极的、富有活力的社区，要从娃娃抓起，学生获得一定知识后可以向家庭与社会传递（Sarabjit，2010）。

德国教育权下放到州级，有 16 种不同的课程安排。然而，在 1993 年北莱茵—威斯特法伦地区（NRW）开始，自然灾害已经成为 7~8 年级的必修科目。教科书关注世界灾害发生区域、自然灾害的起因、自然灾害对于居住空间的影响（Brodengeier et al.，2004）。学生需明确早期预警系统、灾害管理与防灾的重要性。然后，学生需在教师引导下确认自己家乡地震的危险程度。在德国有针对教师和学生学习自然灾害的网页，除此之外，有和学校相联系的补充活动如卡斯（Karlsruhe）就有这样一个讲习班，学生志愿调查本地的地震和洪涝灾害。

韩国政府规定每年的 5 月 25 日为"全国防灾日"，在这一天举行全国性的"综合防灾训练"，通过演习使政府官员和公民熟悉防灾业务，提高应对灾害的能力。

南非没有全国性的课程，特别是在灾难或危害方面，但有的州发挥了主动性。如在西海角学校就有"生命和安全教育"，这门课程主要关注城镇中的火灾和其他安全事故。这和预防暴力和犯罪的教育相结合。在北部的德兰士瓦省，ISDR/UNICEF 创造的棋盘游戏"Risk land"已经大受欢迎，并且已经研发出了针对 10~12 岁学生的教材，该教材使用儿歌来传授儿童一些基础的安全知识。

2005 年以来，国际灾害教育取得了飞跃性的发展。许多国家已从灾害中总结教训，并切实采取措施加强学校安全。在墨西哥、罗马尼亚、新西兰等国，有关自然灾害的教育是中小学的必修课；巴西、委内瑞拉、古巴、日本等国也在中小学教育中注重灾害教育。但遗憾的是至今在许多国家的中小学教育中，依然还没有灾害教育的内容。为减轻灾害对少年儿童的影响，联合国有关组织鼓励各国在学校教育中增加灾害教育内容，使他们通过学习相关知识，懂得如何在灾害来临前做好准备，如何进行灾害预警，以及如何减少灾害对家庭及社区的威胁。可见，学校开展灾害教育是目前研究的热点（表 2-1）。

表 2-1　在全国范围内开展小学或中学灾害教育的国家和地区（U. N.，2005）

亚洲与太平洋地区	拉丁美洲与加勒比海地区	非洲	经济合作和发展组织（OECD）	中东欧与独联体	其他 UN会员国
孟加拉国	玻利维亚	阿尔及利亚	法国	捷克共和国	摩纳哥
伊朗	英属维京群岛	肯尼亚	希腊	匈牙利	
印度	哥伦比亚	马达加斯加	日本	立陶宛	
蒙古	哥斯达黎加	毛里求斯	新西兰	马其顿	
菲律宾	萨尔瓦多	塞内加尔	葡萄牙	罗马尼亚	
汤加	蒙特塞拉特	乌干达	瑞典	俄罗斯	
土耳其			美国		

《让孩子教我们》（wisner，2006）报告中指出：82 个报导中有 33 个国家声称支持中小学开展灾害相关教学（40%）。其他国家，比如巴西和委内瑞拉，对州和市级中小学中的灾害教学进行了突出报导，还有一些国家在WCDR 报导之前就已经提及了在学校中进行灾害教学的计划（海底、尼加拉瓜、津巴布韦、和以色列）。其他一些国家也报导了非课程性的灾害教学（巴布亚新几内亚、加拿大、澳大利亚等）。一些灾害教学被整合到其他学科中去（科特迪瓦），或者高度关注教学（如德国的消防安全；厄瓜多尔的防备演习）。墨西哥、罗马尼亚、新西兰等法律规定在学校中开设和灾难有关的学科。南非、墨西哥已经开始开发一些教学计划，在研发教材方面投入了相当多的精力。WCDR 提及了 168 个国家，一些国家的报导 ISDR 并没有涉及，这些报导涉及古巴、英国和中国等的中小学教学。

简而言之，很多国家的儿童和青少年都得益于多种不同的防灾减灾方法。

这些防灾减灾行为在方法、强度和质量方面差异非常大。如果人们把精力和资源投入到分享经验、开设课程及网络教学实践中，那么这将使迅速传播灾害教育成为可能。

世界上很多地方都已开展有关自然灾害的教学实践。ISDR Kobe 会议调查只涉及了大约一半的国家。在许多国家，教育政策委员会以及教材的供应都被授权到国家以下的级别。除此之外，非政府组织、国际标准化组织和联合国的机构提供了一些电子教材，敏锐的教师都会很好的利用这些资源。在其他情况下，家长会走进课堂，以自己的经历和充足的材料丰富教学内容。世界上大概有一半的国家在学校进行某种形式的自然灾害和安全教学。为全面了解世界范围内灾害教育开展概括，研究者还选取一些发展中国家的案例如下。

虽然经济不景气，但古巴在学生健康项目、免疫和灾害安全教育方面仍是是西半球的领头羊。灾难预防与响应都是学校课程的一部分（Thomson & Gaviria，2004：28），由于古巴是岛国，学校课程尤其重视对飓风灾害的教育，学生更有能力理解人类和大自然相互依赖的关系。古巴红十字会为学校提供了非常好的教学材料，在校学生受培训课程、防灾演习和家庭的影响，以及收音机和电视的报道的影响，灾害意识有所增强（Wisner et al.，2006）。

在厄瓜多尔，学校中进行自然灾害的相关教学始于 20 世纪 80 年代，在 20 世纪 90 年代迅速发展。国家人民防空部的培训部门和教育部之间存在密切联系，省级人民防空办公室和当地消防部门会对自然灾害教学提供进一步的支持。例如，人防就有一个关于师生在地震、火山喷发等紧急事件（包括演习）中如何行动的教育项目，并已多次实践。

在多米尼加共和国，学生使用 GIS 来学习和理解当地的洪水分布格局。在厄瓜多尔的基多，"学校健康"计划关注家庭暴力和地震、火山灾害。哥伦比亚的波哥大在 1998～2000 和 2001～2003 年的城市发展计划中包括灾害教育。波哥大的教育委员会为教师培训提供支持，并且把灾害意识整合到基础和中级教育目标中。

印度的中央中等教育委员会已经在全国范围把灾害管理加入到了 8、9 年级的课程，并计划添加到 10 年级的课程中去。在印度，已经有 1000 多个教师接受了新课程培训。支持这个新课程的教科书包括：一起走向一个更安全的印度（Together，towards a safer India）针对 8、9 与 10 年级的灾害管理。在古吉拉特邦，印度的非政府组织开展"古吉拉特邦学校安全倡议"项目，这个项目集中于巴德、Vadodra、贾姆纳加尔三个城市的 150 所学校发展灾害管理计划。该项目会和学校一起建立学校水平的灾害管理计划，组织演练，举办展览、戏剧、讲座，来培养学生的安全意识。印度的

SEEDS 和古吉拉特邦的灾害管理机关（Gujarat State Disaster Management Authority）计划开展相关项目，截止到 2006 年 12 月，这个项目使 100000 个学生和 9000 个教师受益。在安得拉邦，20 个参与灾害管理的非政府组织培训学生认识台风的警报，以及如何应对台风灾害，培训学生建立浮动设备、救援、帮助伤者，以及帮助人们安全到达台风避难所。这种早期的培训成为了基于社区的防灾（CBDP）项目的一部分并被组织实施，CADME（Coastal Area Disaster Mitigation Efforts），英国的牛津饥荒救济委员对此提供了支持（Oxfam GB）。一些组织，比如印度防灾机构（All India Disaster Mitigation Institute），SEEDS India 和 UNDP，会为学校的培训提供资源和支持。由于新德里教育官员、校长、教师、家长、学生都是学校委员会的成员，由于其积极推动，所以大约有 500 所学校都制定了学校灾害管理计划。

2003 年阿尔及利亚 Boumerdes 地震发生后，2005 学年有关 Boumerdes 的故事就已进入小学 2 年级的课堂。在小学 6 年期间，每学年都会有一堂课以故事的形式来向学生传授自然灾害的相关知识。在初中三年，学生们会学习其他自然灾害现象——主要是地震、洪水和火山等，但是每学年只有一堂课。在大学预科期间，学生们会学习地质学、板块运动等更多有关地震的知识，教学内容更为系统。国家教育部召集了学校教师、大学教授、地震学和地震工程研究机构的科学家，以及阿尔及利亚红新月会的成员，讨论通过了在各级学校引入一个新的复杂的有关减灾的教育项目。

在牙买加的学校有一个持续的灾害意识项目，包括火灾和地震演习，海报比赛，文化竞赛——歌曲，舞蹈，学校组织的短剧、展览、演讲。牙买加的防灾机构（ODPEM）在地震教育部门的协作下，设定了学校灾害意识日和防灾日。ODPEM 也有专门教育网站，并且为孩子们提供书籍、录像和海报。在小学、中学及大学的很多学科的课程中都有防灾知识，在大众传媒、和资源管理等领域也有防灾知识。联合国儿童基金会（UNICEF）与 ODPEM 一起开展了一个项目，该项目是为在学校和社区开展灾害教育，使灾难发生时能够确保孩子们的安全。该项目包括制定计划、演练、保护学校里的孩子、危险分析、以及组织社区人员协助学校来确保儿童免受各种灾害的威胁。ODPEM 鼓励教育部在学校的选址和设计方面把灾害和减小脆弱性等因素都考虑进去。

目前，马拉维没有中央政府推动的学校防灾教育。然而，马拉维南部的恩桑杰（Nsanje）地区制定了学校救助项目的初步计划，该计划可以促进国家行动。这个地区易于发生洪涝灾害，尤其是在与莫桑比克交界处的西雷河（Shire River）附近的区域。学校已经成为了团体活动的焦点，因为学校在过去的洪水危机中是避难所和食物配送中心，也是团体动员和会议中心。在马拉维这个区域，学校附近的社区居住的是 Chewa 人，他们坚持认为搬迁到地势更高的地方意味着放弃祖先精神，并且那些在本地拥有权利的传统首领也反对搬迁到更高的地方去。这个地区的温度经常会达到 40 摄氏度以上，并且降水极不均衡，所以干旱也是本地区经常发生的灾害。因此该地区非常贫穷。在灾害多发期间，学生的辍学率高达 50%。在以上背景下，救助行动计划将会：利用学校进行动员；对受洪涝灾害影响的学校进行重建，并把学校作为避难所；教授学生防灾减灾技能，这从长远看来会为下一代储备足够多的防灾减灾知识；让孩子们参与到防灾减灾活动中去，比如植树、供水、滴灌，在灾害相应中的角色扮演等，把这些作为学校项目的一部分；对学校周围的社区，采用易损性评估方法；在政策层面使学校包含防灾技能的课程。

伊朗全国范围内的学校都有关于地震安全的教学，有相应的教科书、海报，以及增强家庭和公众防震意识的活动。在 1996～2003 年间，学校地震演习发展项目最开始在德黑兰进行尝试，到 2003 年的时候已经影响了 1600 万中小学生 (Ghafory-Ashtiany & Parsizadeh, 2010)。伊朗为了提高公众的地震知识，和对地震防范意识的开发了地震综合教育计划，该计划通过利用各种媒体，在公众之间，尤其是学校和儿童之间，实施一个整体的教育方案。这个灾害管理教育项目是为管理者设计的，也是为大众设计的，特别关注学生儿童在学校的地震安全教育 (Parsizadeh, 2010)。Izadkhah (2004) 在她的博士论文中论述了儿童在学校中学习到的知识是如何帮助她们在 2003 年的 Bam 大地震中存活下来。

2.1.2 研究概况

自从 1987 年，提出"国际减轻自然灾害十年"以来，许多学者开始对灾害教育进行研究。研究的主题主要有：将减轻灾害风险纳入学校课程的方式、教材开发研究、教育评价。美国灾害教育的文献大多集中于两个领域：教学材料的创新和教学内容的回顾研究。此部分纳入综合研究部分，课程、教学、评价与培训研究文献放入相关部分。

2004 年，日本开展了五县（省）的调查，调查高一年级学生的地震经验和对地震的认识。结果表明，地震经验并不是影响学生感知的最主要因素，最主要的因素是教育。学校教育可以提供学生基本的地震基础知识，除课堂讲授外，还可以加入谈话、分享经历、利用直观教具等更多主动做法进行灾害教育。然而，基础的知识还需要深化。深化的过程需要学生本人实践和行动，家庭和社会的教育会影响到学生的决定和行动，从而影响到学生实践，深化知识。学校教育与个人、家庭和社会教育，可以帮助学生形成"备灾文化"(Shaw, 2004)。

2007 年，对加德满都（尼泊尔首都）6 所学校的问卷调查结果表明，现在基于课堂的学校灾害教育，可以提高学生的风险感知，但是它不能让学生了解灾前准备的重要性，以及采取怎样的行动进行实际减灾。实践教育可以有效的帮助学生了解实际减灾措施。社区在此扮演促进学生减灾实际行动的必不可少的角色。对学校灾害教育而言，有社区作为实践合作伙伴，能形成更积极的、更深远的灾害教育，提高学生的认识和促进灾害教育实际行动。不仅对尼泊尔如此，对其它发展中国家而言更是如此（Koichi Shiwaku and RajibShaw，2007）。

学校减灾教育的发展逐步受到重视，成效较好的学校往往被作为优秀案例而推广到其他学校中去。2008 年，Koichi Shiwaku 与 Rajib Shaw（2008）调查了日本不同地区的 12 个学校，有 1 065 个学生参与了问卷调查，研究目的是为了弄清楚灾害教育和学生认知之间的关系。调查问卷的结果显示，日本的学校都很注重灾前准备和减灾措施等减灾活动，通过让学生理解社会风险，使得学生体会到灾害学习的重要性。该学习的过程也是非常有效的减少理论和实践差距的途径。

Omar D. Cardona 在《哥伦比亚的防灾课程改编》中指出：一系列不同教育项目已经开始实行。首先就是课程改编项目，其目的是将风险预防涵盖进小学和中学教育。其次，灾难预防项目促使每一个教育机构去设计学校应急计划，要求有学生、老师、管理者和家长的参与。提供给教师和全体教育社区使用的辅助材料已经开发出来，以确保灾害管理计划设计有效。除此之外，还有学生社会服务项目，高中学生要向社区展示其防灾减灾知识经验。

Lidstone（1998）在《Public education and disaster management：is there any guiding theory?》一文中探讨了公众灾害教育是否需要理论指引的思考。John Lidstone 还探讨了一下问题：灾害与风险的关系；应以什么样的视角看待二者；应该如何评估灾害教育材料；社会教育教材、学校教材存在的问题等。谁来编写教材（科学/人文；科学家/教育家）？地理教育能做什么？实施策略？但是此书没有解决所列的问题，只是列举了一些案例，也未曾提出理论体系与框架。其认为：各部门为政、宣传使公众灾害教育材料成为一种灾难，这也可以在中国看到；教材内容都是基于自然地理过程和如何应对的技能，知识内容多于技能。Maskrey（1989）把人们对风险与灾害的态度用频谱的方法表示了出来（图 2-1）。

图 2-1　人们对灾害的态度变化谱（Maskrey，1989）

John Lidstone（1996）还重点从"地理教育能做什么"的角度提出了一些思考。我们如何通过地理教学实现知识、情感与意志的转变？如何保证地理人在灾害发生时处于认识前沿？其认为我们地理学家对灾害发生的了解处于认识前沿，所以学校地理教育为公民适应自然、社会环境急剧变化需具有的防灾素养的形成提供了媒介。其认为通过地理教育，学生不仅关注自然灾害与其自身的减灾，并以全球视角关注全球尺度的减灾。地理关注地球表面现象空间分布的研究，并以培育公民资质、意志和处理空间分布事务的能力为最终目标。如果我们能够提供给学生同情他人与欣赏关注自然界的新图式，地理教育可为和谐世界贡献更多，不仅仅是从自然力角度的安全，也是从社会经济结构角度更为长远的安全。

John Lidstone（1996）主编的《国际视野下的风险与灾害教学》中介绍了一些国家地理学科进行灾害教育的基本情况：Dieter L Boehn，德国的自然灾害地理教育；Maryse clary，法国中学有关自然灾害的教学；Dimitar Kanchev 与 Lyusila Tsankova，保加利亚地理教学中的基本自然现象；Norman Tait，南非学校对自然灾害的研究；Yee-wang Fung，John C K Lee and Chi-chung Lam，香港中学的自然灾害教育；Lea Houtsonen and arvo peltonen，芬兰的灾害教育；Julie Okpala，尼日利亚高中地理教科书中的自然灾害；John Macaulay & June Logie，新西兰的自然灾害教育，具体请见课程研究部分综述。

在美国，因灾害而造成的损失还在持续增长，这表明对于灾害的学习还需进一步加深。灾害教育是灾害预防中一个重要的方面。Jerry T. Mitchell（2009）通过调查美国东南部 10 个州中科学学科和社会学科的教学标准，希望可以发现在基础教育阶段年级灾害涉及的论题与范围。最后有三点发现：第一，对灾害的认识在州与州之间是不平衡的；第二，在课程中大量描述地理事件；第三，科学学科和社会学科的结合较少。作为对策尝试将地理学融入地方标准，从而使得学生了解自然和社会因素对于灾害的影响。

美国基础教育阶段如何讲授灾害的研究非常少见，只有在高等教育和专业培训中才给予一定的关注（Mileti，1999）。在该领域中的早期研究发现，人们"对基础教育阶段的课程应该提供足够的灾害教育这一观点并不熟悉"（Vitek & Berta，1982，p. 228）。另外一些研究从基础教育阶段的课程中的灾害方面入手，认为学生不能区分自然和人为灾害，并且学生不明白灾害是可以预防的（Valussi，1984）。

美国基础教育阶段（中小学教育）灾害教育开始的前提是教育可以减轻灾害的影响，使学生对其他地方的实践和活动产生兴趣。大量的材料可以有效地帮助教学（e. g.，National Geographic Society's Forces of Nature（NGS，2008）and JASON（NGS，2007）），并且，也可以呈现在线资源（UNISDR，

2007a)。之前的报告发现,这些材料在何时应用、如何应用,都取决于各州指定的教学标准中的目标。如果在教学标准中没有详细的指导,那么在学校中就可能不存在灾害教学体系,也会导致灾害教学体系在学校之间的不平衡。除了教材,教育者们还论证和说明了如何在课堂上利用灾害地图以及利用龙卷风(Lewis,2006)、全球变化(Mitchell & Cutter,1997)和海啸(Lintner,2006)等讲授地理原理。

虽然公共灾害教育所使用的信息与素材加以运用可以在基础教育阶段,但听众时刻在变。通过海报、宣传手册、公众服务通告和社区集会进行宣传,首要目标就是发动成年人去改变自己的行为。一系列的公众灾害教育项目涉及了从森林火灾到地震的所有话题(Donovan,Champ 和 Butry,2007;Nathe,Gori,Greene,Lemersal 和 Mileti,1999;Tanaka,2005),但这些项目的聚焦点都在基础教育阶段课堂之外。一个常见的争论话题是,对青少年进行灾害教育会使他们终生受益,并可能影响到其家人,从而为灾害的理解和行为的最终转变创造一个良好的开端(Izadkhah 和 Hosseini,2005)。当然,增加灾害的概念学习并不意味着行动层次一定会提升。研究者只是假设适当的教育会使人们的备灾措施得到加强,从而减少损失。这种假设也许并不正确,应采用更为系统的检验手段(Tierney,Lindell 和 Perry,2001)。尽管如此,大多数人还是会同意,面临灾害时采取行动总比坐以待毙要好。因此,灾害的早期教育是有其合理性的。

2.2 我国台湾地区灾害教育概况

我国台湾地区开展灾害教育较早,1998 年 7 月 19 日 "灾害防救法" 公布实施,其中第 22 条第 2 项规定 "为减少灾害发生或防止灾害扩大,各级政府应依权责实施灾害教育训练及观念倡导"。台湾地区已经在已经公布的九年一贯纲要中,灾害教育课程已经正式纳入自然与生活科技领域纲要之中(防灾教育白皮书,2004)。

"教育部" 已于 2003 年开始配合 "防灾国家行科技计划" 推动执行 "防灾科技教育人才先导型计划",2003 至 2006 年度先实施 "防灾科技教育改进计划" 四年中程计划,其总目标为:检讨规划本土化灾害教育课程,并编订适用教材;规划建置防救灾教育网站与知识库;培训防救灾教育人才与种子教师;规划成立灾害教育资源中心;落实防灾教育工作,提升国内防救灾教育水平;结合科技、政府部门与社会资源,规划教育推动与评鉴体制。"教育部" 防灾计划办公室编撰了 "防灾教育白皮书""国中小学生防灾教育宣传手册""高中职学生防灾教育宣传手册""大专生防灾教育宣传手册",发行至台湾各级学校使用。

需要改进的现状:从国内许多自然灾害和人为灾害进行分析,可以发现国人不太重视生活环境中潜在的危险，普遍缺乏危机意识；防灾课程编撰参差不齐；一般学校缺乏规划防灾演练的能力，较少举行各种逃生演练；缺乏融入各科的防灾教材及具有防灾专业知识及防灾演练的师资；缺乏系统的数据库管理及建设灾害专属网站。将来需要做的工作包括基础资料调查；各校灾害潜势分析；防灾计划推动项目包括防灾教学模块、强化防灾师资、学校防灾计划与防灾数字网站等方面。

我国大陆地区灾害教育研究与实践到目前可以分为两个阶段：即以汶川 8 级地震前后划分，其引起了人们对灾害教育研究、灾害演练的重视。研究者期望尽早迎来"学校灾害教育指导纲要"的颁布，及其所带来的灾害教育飞跃发展阶段。

2.3 灾害教育相关基本概念

一些学者提出了灾害教育、灾害意识、防灾素养的概念。修济刚（2005）认为灾害教育的称谓最合适，防灾教育和减灾教育从其内涵来看涵盖不了该种教育的全部目的和内涵，很多论文中，乱用概念。郭强（2004）认为灾害意识是指人们对灾害现象的主观反映，划分为灾前意识、灾中意识、灾后意识。张云霞（2005）提出灾害意识是衡量一个国家或地区文明进步程度的一种标识。陈刚（2005）正指出灾害学研究本身也把灾害教育作为减灾防灾的一个手段和途径。张英等（2008）界定了灾害教育的基本概念与内涵。《灾害教育理论研究与实践的初步思考》（2011b）一文对灾害教育基本概念作了系统研究，给出了灾害教育的内涵、形式、风险意识、防灾素养等概念。

在我国台湾地区"防灾教育"包括了自然灾害、人为灾害与其他安全教育，在英国安全教育（safety education）包括了自然灾害教育，在日本灾害教育（disaster education）得到了相当的重视，主要侧重自然灾害教育，也包括针对人为灾害的教育。灾害教育从英文看有多种表达（Disaster education；Disaster prevention and mitigation education；Education for disaster reduction），研究者认为灾害教育的称谓最合适。防灾教育和减灾教育从其内涵来看涵盖不了该种教育的全部目的和内容。目前还没有"灾害教育"的完美定义。灾害教育是为达到防灾减灾的目的，以培养公民具有灾害意识、防灾素养为核心的教育。其目的是使受教育者掌握一定的关于灾害本身及防灾、减灾、救灾与备灾的知识、能力与态度，树立正确的灾害观，正确看待灾害本身及其发生发展规律，正确地进行相应防灾、减灾、备灾、救灾活动，进而培育安全文化。灾害教育有着深刻的实践性、仿真体验性，并有着丰富的教育内容与价值（张英，2008a）。赵玲玲（2010）等认为："该定义从灾害教育的最终目的出发，包含了知、情、意、行的全部过程，能较全面地表达灾害教育的本义，为后续研究铺就了一个非常宽厚的理论平台"。经过研究者反思，灾害教育的概念修改完善为：灾害教育是为达到防灾减灾的目的，以防灾安全、地理学、教育学、心理学等学科知识理论为基础，培养公民具有灾害意识、防灾素养为核心的教育。其目的是使受教育者掌握一定的关于灾害本身及防灾、减灾、救灾与备灾的知识、能力与态度，树立正确的灾害观，正确看待灾害本身及其发生发展规律，正确地进行相应防灾、减灾、备灾、救灾活动，进而培育全民安全文化。灾害教育有着深刻的实践性、仿真体验性，并有着丰富的教育内容与价值。

2.4　灾害教育的重要性、必要性与可行性

近几十年以来，世界自然灾害频发，造成的损失日趋严重。如何减轻灾害带来的风险已成为全球可持续发展战略面临的重大课题。在各种减灾措施中，教育和培训是不可分割的关键措施之一。教育可以让人们获得更充分的防灾减灾所必需的知识、技能与态度（张英，2008b）。人们对预防措施的理解影响到人们对灾难的理解，也影响到人们对预防措施的信任程度。如果把灾难前的行为划分为四种——否定灾难，被动接受灾难，积极控制灾难，与灾难做斗争，我们必须教育我们的学生承担社会责任，学会应对和预防灾难（Clary，1996）。

防灾减灾研究实现可持续发展战略的重大课题，有关灾害的研究理应纳入地理学研究视野。防灾减灾目标主要依靠灾害教育而实现，灾害教育也应纳入地理与可持续发展教育框架下（"PRED＋D"）。"国际减轻自然灾害十年"中指出："教育是减轻灾害计划的中心，知识是减轻灾害成败的关键"。灾害教育可提高学生防灾减灾知识与能力，促进学生灾害与可持续发展意识的深化，在根本上改变其观念和行为（张英，2008c）。

灾害教育可以从一定程度解决公民灾害意识、防灾素养存在的一系列问题，提高其防灾减灾能力。任秀珍（2005）等人指出了灾害教育的重要性。钱永波（2005）认为很小的灾害也会造成重大的人员伤亡，其根本原因就是因为人们环境意识的淡薄。人们面对灾害的行为及反应的行为及反应成为减灾中一个决定性因素。从一定程度上讲，对公众的环境教育的不够是导致中国每年灾害损失较大的主要原因之一。张云霞（2005）指出很多国家都很重视灾害发生时的应急培训，最根本的方法是发展防灾、减灾基础教育，提高整个民族的灾害意识和科学技术水平。修济刚（2005）认为灾害的存在是客观的，是不以人的意志为转移的，是需要我们积极主动地去认识、去了解，从而可以尽量减少灾害带来的损失。灾害教育的基本思路应该给与充分重视和肯定。陈霞（2001）认为通过开展灾害教育，增强公众防灾减灾意识，提高全民族防灾抗灾知识和有关科技水平，已成为社会发展的需要。通过教育手段的实施，在防灾抗灾中建立一种灾害安全教育模式，逐步提高人的伦理

道德观，以人类的自觉行为协调好人与自然的关系，为社会可持续发展提供良好的安全保障。同时，张英等人（2008d）指出应在可持续发展教育框架下开展灾害教育研究与实践。葛永锋（2006）认为加强灾害教育的作用有利于学生树立科学的世界观；增强学生的防灾、减灾意识；有利于学生形成可持续发展的观念。张英、王民（2010a）深入分析了开展灾害教育研究与实践的必要性、可行性与重要性。灾害教育理论与实践研究既符合国家需要，又能促进学科发展，提高公民灾害意识与防灾素养，保证人民群众生命安全。

2.5 灾害教育的目的、价值和理想形态功能

一般认为，防灾素养可以通过两种途径获得提高，一是经验，二是教育。对没有灾经历个体的而言，无法通过身体感官接受灾害信息而获得直接经验，但可通过媒体、教育等渠道获取灾害相关知识，改善防灾价值观，提高防灾素养。鉴于此，灾害教育极具价值。林俊全（2003）认为小学阶段防灾教育的主要目标设定在各种自然灾害的介绍与认知、与灾害中的避难及自身保护。叶欣诚（2007）指出防灾教育中必须强调知识、态度与技能三大面向。任秀珍（2005）指出了减灾宣传教育有利于减轻灾害损失；有利于推动预警系统的建立；有利于创造安定的社会环境；有利于增强人们的灾害意识。王益梅（2006）认为将减灾防灾知识与技能通过环境教育的途径，能培养山区居民的减灾防灾环境素养，建立新的环境伦理观，很大程度上提高人们的环境意识以及减灾防灾意识。陈霞（2001）认为通过教育传授知识，增强灾害意识，提高防灾技能与能力。灾害教育的目的是提高人的思想意识，提高实际技术能力。

总之，灾害教育的目的是期望通过教育的方法，帮助全民养成积极的防灾素养，在灾害来临时，能将灾害损失降至最低，培育安全文化，构建安全安心社会。

2.6 灾害教育存在的问题、实施途径和策略

较多研究者普遍认为，灾害教育重视程度不够，大多为应景之需，缺乏长效机制，学校未开设相关课程，没有单位负责等问题。张英等人（2008b）指出学校灾害教育存在的问题主要有：注重知识传授，忽视技能养成；缺少统一协作，教学资源欠缺；教学方式单一，忽略防灾演练。我国的灾害教育淹没在安全防范教育中，试图依靠"堵"的方法来解决学生安全问题；较少具有国际视野。同时有研究者指出：中国很多人，特别是知识分子总寄希望通过政府来完善学校灾害教育，学校教育已经背负了较多的政治、经济和社会使命，难以见效；灾害教育主要集中在理论探讨层面，对实践影响有限；灾害教育开展的基本单元没弄清。为此，值得说明的是，研究者构建了"学

校－家庭－社会"灾害教育体系，指出了除在学校开展灾害教育外，家庭、社会灾害教育的开展也亟待加强，社区是社会的基本单位，应实现学校教育、公众教育双核互动，以使系统结构合理化、功能最大化。

修济刚（2005）呼吁强调灾害教育，要在规划、计划、组织和资金等各方面给与落实。在规划中要考虑不同层面上的教育方式，如在中小学的教材中列入灾害教育的内容，在成人教育、社区教育、建立学习型组织的过程中加入灾害教育的内容等等；要在规划中列入灾害教育的基地建设和设施建设，使防灾训练深入社会的各个层面；要建立从事防灾教育活动的专门组织，将防灾教育科目给与专门的经费预算等等。罗崇升（2005）指出我国在防震减灾知识的教育和普及方面应该怎么做，特别是加强学生的防震减灾意识方面。铁永波（2005）认为普及公共环境意识的教育对社会安全与稳定有着极其重要的作用。任秀珍（2005）指出灾害教育发展方向：创新宣传教育工作的方式，加强实效，提高认识，加强队伍建设。张朝雄（2005）认为公共防灾意识的教育是城市防灾减灾损失的有效途径，普及城市公共防灾意识的教育对城市安全与稳定有极其重要的作用。学校教育方面，葛永锋（2006）认为应充分发挥课堂的主渠道作用；大力宣传灾害科学知识；积极参加防灾、减灾实践活动。温永泉（2009）指出实施灾害教育的主要途径有课堂学习、课外活动、社会实践和专题报告。张英（2008）认为："灾害教育可以参考环境教育在中学的开展方式－以渗透的方式融入各必修科目中，开设选修课，此外，可以根据灾害教育的特殊性，开展仿真模拟体验与集体防灾演练，开展有关防灾减灾知识讲座等课外活动。"总之，将灾害教育纳入学校课程计划；制定和完善学校减灾应急预案并组织演练；提高学校建筑抵御自然灾害的能力；组织开展"减灾示范学校"评比都是开展学校灾害教育的途径。

我国首先应该重视灾害教育，构建灾害教育体系，可以通过灾害教育立法的形式，或者指定灾害教育指导纲要来确保灾害教育的实施与教育目标，构建灾害教育课程，研究灾害教育策略，通过灾害教育的师资培训，防灾素养的调查分析来推进灾害教育。学校防救计划必不可少，学校灾害防救计划是防灾减灾落实到具体操作层次的必要措施（张英，2010a）。

2.7 灾害教育的长效机制、框架体系

灾害教育是由学校、家庭、社会三个维度构成，学校灾害教育应该首先发展，因为学生可以向家庭和社会传播灾害知识、防灾减灾能力、以及防灾素养。进而提高整个社会的灾害意识与防灾素养。在新时期必须构建起全面的、系统的、可持续的灾害教育体系，形成以政府主导、学校主体、社会配合，以学校教育为核心，以公众教育为外缘，立足于人的全面、可持续发展的灾害教育。

　　陈霞（2001）指出灾害教育的主要内容包括灾害知识教育、灾害技术教育和灾害思想教育三个方面，认为社会的媒介包括广播、电视、报刊、网站等媒体要尽可能开设相关栏目，为社会减灾做出贡献。刘艺林（2002）认为在大学开展减灾教育，是贯彻执行相关减灾法规、进行普及教育的重要举措。廖贤富（2009）提出了一些中小学灾害教育长效机制的构想。张英等（2011c）指出遗址地等灾害教育类场所通过解说开展灾害教育意义重大；大学、科研机构也是开展公众灾害教育的重要力量；地震局等单位要负担起开展公众灾害教育的责任；相关期刊媒体、NGO 也需要纳入公众灾害教育内容。可见，学校、社区、博物馆等是进行灾害教育的主要场所。通过以上各种社会力量的努力，共同促进公众灾害教育的开展。

　　许明阳（2003）在参考日本灾害教育体系（图 2-2）的基础上提出的学校灾害教育体系为：①根据各地方防灾指导计划转化为学校的指导计划与指导教材。②由教职员、区域防灾机构成员、专业相关人士组成学校防灾委员会、

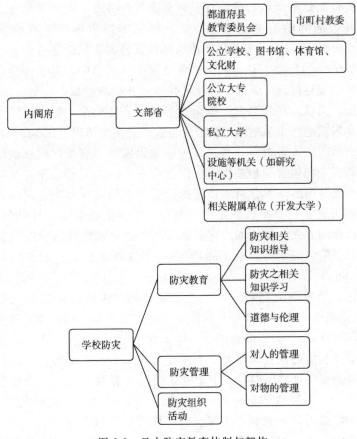

图 2-2　日本防灾教育体制与架构

学校安全委员会等相关组织。③学校需与相关防灾机构（如消防局）需保持密切联系，并参观相关防灾演练、邀请专家指导。

有关灾害教育的内容与措施放入各年级的自然、社会与体卫等相关学习领域教学中，目的不仅要使全校师生对基本防灾事项的知识有所理解，以提升判断和应变能力外，更重要的是在增进实践的能力与养成正确的行为习惯，例如逃生与避难训练、灾害求救与急救等。重视教师教育推展的工作，大致包含有防灾教育体系建设、教师研修的充实与防灾教育工作评价等。

2.8 灾害教育课程、教学、评价及培训研究

按照灾害教育课程、教学、评价及师资培训几个维度综述如下。

2.8.1 课程研究

人们越来越注重通过学校课程发展学生的知识和技能，其应涵盖个人需求和社会需求的许多领域，包含了积极的个人价值；其涵盖领域非常广泛，包括交通安全、爱护环境、药物意识和金融教育等等。对于自然灾害、次生灾害、及其可能的防治措施和公共防护体制等的理解属于社会需求领域（John Macaulay，1996）。多数学者都认可将减轻灾害风险整合到现有学校课程的方式。Shaw（2006）认为其应该整合到常规课程中，但学校应该开展课外活动，使学生更好地了解社会、社区并积极开展减轻风险计划。20 世纪 90 年代，德国、法国、保加利亚、香港、芬兰、尼日利亚、新西兰等国学者分别阐述了本国或地区中学地理课程中灾害教育的实施情况（Lidstone，1996）。有些国家或地区把灾害教育作为必修内容加以实施，有些国家或地区在其必修和选修课程中都包含了相关内容，但重点不一。2000 年以来，牙买加、哥伦比亚、印度等国的学者分析了该国把减轻灾害风险内容整合到学校课程的方式。这些国家多将其整合到多个学科中，主要有社会学、科学等。另外，也有单独设课的方式，如日本兵库县舞子高中针对减轻灾害风险设置了环境与减灾课程，但该高中类似专业职业中学，不具典型意义。

R. B. Singh（2007）指出：教育被认为是使人们参与日常环境管理与减灾的潜在手段。随着联合国教科文组织和联合国"国际环境教育计划"以及《贝尔格莱德宪章－环境教育的全球框架》的实施，印度也形成了很多环境教育标准（印度报，2002）。联合国及其他各种计划中的洪水、干旱、地震和气旋等灾害以及相应的减灾策略都针对中学和成人教育。起初，学校并没有针对灾害教育的明确计划。但是，中学及更高层次教育（大学）的教育策略则关注了以下方面：环境的整体性——自然和人；不论学校内外的终身学习；培养学生和教师的环境意识，重视参与；推进以价值为导向的教育。在学校课程中实施灾害教育要回答以下几个问题：为什么要进行灾害教育？灾害教

育不同阶段需要有哪些内容？怎样教？教师在课堂内外能够采取的有效方法、策略有哪些？

　　一些学者对本国或地区地理教材中灾害教育的内容进行了分析和评价，如保加利亚、香港、尼日利亚、新西兰等。Dimitar Kanchev（1996）等认为保加利亚缺乏恰当的教学材料。Norman Tait（1996）认为南非的教学大纲缺少危机行为教育的内容。孟加拉国国在2005年引入一套与减轻灾害风险相关的学习用品，将其翻译成孟加拉国语并根据孟加拉国国的国情进行改编（UN/ISDR，2007）。Lidstone（1996）发现灾害教育课程内容更偏向于自然地理、在方法上偏向于技术层面，而很少触及人类的脆弱性或人类对灾害的响应。

　　研究者希望灾害教学可以更好的融入到日常教学核心中去。如将灾害的自然因素和社会因素利用地理信息系统融合到中学教学中去（Mitchell，Borden，& Schmidtlein，in press）；这已尝试。另一种正进行试验的是，利用学校作为社区中的风险教育中心，从而推动更多和更好的灾害教育。美国红十字协会的一个教育项目解释说，虽然课程应以美国国家教育标准为基准，但实际上学校教学更多地采取了各州自己的标准（UNISDR，2007b）。各个州对课程制定的各不相同的标准使得灾害教育整合成为一项挑战。

　　在现有的地理课程中融入自然灾害的概念已经不是什么新鲜事了，现有的教育体系包括了已成功实施的自然灾害内容的学习，或即将实施的自然灾害教育将作为一个地理范围内的现有项目，如新西兰的10年级（15岁）学生学习法定地理课程。灾害教育是一个介绍自然灾害事件，及其对社会的影响，这是非常有新意的方式。值得注意的是，大多数学校的地理课程计划中已经包含了这些重要的地理学和社会科学的概念。灾害教育和单一学科共同介绍了相关的概念和思想。地理教师把综合学科的教学策略具体化。因此，单一学科，比如地理学科，不能够被排除在中学之外，在学校课程中地理学最适合进行灾害教育。把灾害教育的相关知识纳入地理课程计划当中是完全可行的，这在新西兰10年级的地理大纲中已经进行了实验与实施（John Macaulay & June Logie，1996）。由于自然灾害的带来的损失严重，很多其他学科的教育系统在大纲中也已经，或者打算把灾害教育包含进去。问题是，这样的课程倾向于关注自然灾害本身及补救措施，而不关注教育学生应吸取的教训。

　　把灾害教育整合到现存的课程计划当中比较容易，灾害教育的应用和实施得到支持比较困难。尽管1994年新南威尔士州的火灾和1994年洛杉矶的地震都造成了非常大的损失，尽管整个澳大利亚的学校课程都支持开设灾害教育，但是课程改革者在课程实施方面感觉非常困难：如何开展灾害教育？灾害教育的内容是什么？为什么开展灾害教育？自然灾害教育应该以综合学科的形式（比如Studies of Society and the Environment）还是单一学科的形式（比如地理学科、地球科学）开展？以上都是需要解决的问题。

如何实施？正如所有的课程改革一样，不管是国家课程还是校本课程，总有一些人支持，也有一些人反对。灾害教育应该整合到现有的地理课程中，还是纳入到社会科学学科中去，这值得研究。这里的争论是非常有意义的，那些正在反对以综合课程进行灾害教育的地理教师，不应该不排除在课程发展的过程中，而应该成为这个过程中不可或缺的一部分。在多数情况下，这些教师之所以反对课程改革，是因为他们希望在中学中保留他们所教授的学科。更重要的是，这些教师正在争取保留他们所教授学科中的特殊的技能、概念和内容。认为课程实施取得成功仅仅是课程计划的一步，并且认为把课程改革计划实施到课堂中非常容易，这种想法值得质疑（Hargreaves，1982和1989；Young，1988）。如果把灾害教育看作是现存课程的附属品，那么希望把灾害教育引入课堂中的人，在教育部门的课程开发者决定把灾害教育纳入到课程中之前，需要掌握一套自然灾害教育的教学方法。

如何引入？对现有文献的分析表明，研究者对于如何有效进行课程改革并不能达成一致。研究者们的研究成果存在很大的差异：一些基于定量研究（MacDonald & Rudduck，1974；Fraser，1990），一些基于观察或直觉（Gross，Giacquinta & Bernstein，1971；Goodman，1988；Goodson&Dowbiggin1990），一些基于文献和独立研究（Doyle & Ponder，1977）。这几者中共同的因素是，课程开发者都试图提高课程质量。因此，如果灾害教育要想在中学中的地理课程或者新的社会科学课程中得到有效实施，那么就必须找到以下问题的答案：灾害教育将会给学校、教师、学生、学习、行政人员、社会和就业带来什么样的长期影响；灾害教育在实现中是否有意义；谁最能从灾害教育中受益；我们如何能证明哪种实施过程最有效；如何对灾害教育进行有效评估；如何赋予那些反对灾害教育的教师以课程计划、课程设计和课程实施的权利；反对者是否比被动接受者更具有创新意识、更进步等。

国家课程改革与校本课程改革。在决定灾害教育应该如何实施时，首先应该考虑现存的课程资料和技术资源是否需要改革。其次应考虑是否应该研发新的教学方法与策略。再次，有必要把教师个人的教育理念与理论考虑在内，并决定是否应该对此进行一定程度的修改。Sparks（1983）也认为任何有计划的课程革新要想取得成功，就必须和教师的教学理念及教师知识结构相匹配。Miller 和 Seller（1985），Drive 和 Oldham（1986），还有 Elbaz（1991）印证了这个事实。他们的研究表明，教师会以一种连贯的、有意义的方式构建自己的知识体系。因此，教师会结合自己的价值观、教学理念、课堂经验来实施课程改革（不管这种改革是否为强制），也会积极调整自己的知识结构和现存课程计划来适应课程改革，尤其是当教师看到这种调整对学生有利时。当考虑到如何、何时、在哪里进行灾害教育时，这些因素就非常重要。研究表明，成功的课程实施过程依赖于课堂中的教师，这些教师会在自己的知识和经验基础上对新课程进行解释，并制定计划，以在课堂中有效实施。

该怎么办？灾害教育在现存的中学地理课程和综合课程中具有合理的地位。教师应该理解自然灾害（灾害发生的过程）和灾害教育（旨在减少人口稠密区灾害带来的损失）的区别。除此之外，教师应该明白，灾害教育对于学生和社会来说是非常有益的。关注灾害教育的课程改革专家必须认识到，教师个人的实践理论对于任何课程改革来说都是非常重要的先决条件（Cornett，1990；Elbaz，1991）。因此，灾害教育在学校课程中能够成功实施，这是毋庸置疑的。但是，灾害教育成功实施所使用方法和程序，应该在课堂中进行深入的研究。

公众教育材料。令人惊奇的是，不论是在什么地方印刷制造、不顾当地的区域自然灾害特征，宣传册上的信息几乎一致，当比较来自加州、新西兰和澳大利亚的宣传册时，发现只有在海啸情况下强调防灾知识的成分比防灾技能还要多，而且飓风信息一般建议人们当海啸发生的时候（当您看见时）不要接近海滩，这难免为时已晚！这是经常被作为要点呈现的。过犹不及的是，土耳其的学校有一个令人印象深刻的地震危险意识项目，这个项目涉及5百万的学生。但是这个项目仅仅关注地震灾害。在泰国受过海啸影响的海岸，出现了仅仅关注海啸的新课程——尽管当地最普遍的灾害是沿岸风暴、洪水和森林火灾。另外，一些民防组织（civil defence）和一些类似机构生产的出版物也正在变成一种灾难。如由澳大利亚自然灾害管理部门（现今的危机管理部门）出版的"澳大利亚人的地震意识"宣传册是一个很好的例子；还可以从美国地质调查局的"夏威夷火山喷发"、美国天气频道与美国红十字会制造的"天气时刻"可见。《Disaster Malcolm skinner》这本书中就详细的进行了灾害的基础教育，本书的亮点是学习案例，学习案例为学习者提供学习背景，更方便他们深入学习。值得注意的是灾害教育必须结合重大灾害、同时也要结合新近发生的灾害。

供学校使用的教育材料。民防机构和一些其他风险管理机构为学校和学生印刷的材料不断增长。但是他们经常考虑的是赞助实体的直接目的而忽视学校课程背景。在哥斯达黎加海岸，一本有100页、书名为"特雷莫托"的书籍广泛被印刷，并在自然地理课程中地震及其应对时讲授，但是，对于应该如何做的基本信息也与其他地方一致：蹲下与掩护（duck and cover）。与之相似的是，斐济红十字会为教师讲授地震、飓风、火灾、龙卷风与洪水而出版了系统课程计划。新喀里多尼亚和法属波利尼西亚的学校采用了更为正式的"台风应急教程"。塔斯马尼亚的森林委员会与教育部门合作生产了"林火模拟游戏"。澳大利亚、新西兰和美国都有数量可观的资料。这些资料大都是灾害管理部门制作完成的，并且申称其是与教育者合作开发。The Bush Fires Awareness Kit 是由西澳大利亚 bush fires 委员会于 1986 年制作的。新西兰民防委员会也为学校制作了类似的教育材料。美国国家科学教师协会和联邦紧急事务管理局制作了"地震教育材料包"。同样值得一提的是，FEMA 也赞助了"Big Bird gets ready"教材，现在其赞助儿童电视工作坊和"Beatin' the Quake"。加州地震教育项目（CALEEP）也制作了相似的材料。

除此之外，可以通过互联网获取大量教学资源，如美国红十字会、USGS 等网站都有灾害教育项目、游戏等，如何处理学校课程与课外教学资源的问题值得思考。从这些材料中可以看出，教师的参与程度更大，教育方法从科技导向到人文导向，从反应导向到预防导向，并从关注灾害管理到关注培养负责人的公民资质，看起来，此类材料似乎与课堂教学更为相关，似乎有所进步，但实际上并不是。

2.8.2　教学、评价及培训研究

可查到的国外文献中涉及教学研究的较少，相关部分放入国际概况。Kath Murdoch（2007）指出："环境教育是一种学习理解我们永恒变化的世界的途径。信息不是教育：教育使学生能够做出行动去理解这个世界，教育是让人们改变并为了全人类生存而奋斗的最终途径。为了与大自然和谐共存，学生需要去学习：在环境中、关于环境，以及为了环境。可以把怎样减轻自然灾难贯穿在课程中教给学生。"放眼全球，我们正在越来越关注：支持、养育、保护这个我们赖以生存的星球。作为教师，环境教育令我们有能力以一种实践性的方法表明我们的"责任"——通过我们让学生进行的活动，在教室里、在学校中、在本地社区。帮助学生发现他们对自然世界的依赖，成为防灾减灾的责任基础。

研究者认为，学生亲身实践、体验的学习方式是最有效的。理想的灾害课程传授自然灾害的相关知识，但是也涉及让学生亲自检查学校的建筑，绘制周围环境的地图，访谈经历过重大自然灾害事件的长者。这种学习方式可以强化学生的听、写、报告、绘图的基本功。它也可以整合或者被整合到地理、历史和自然科学中去。张英等人在总结自己和他人的基础上，在《可持续发展教育框架下的中学灾害教育及实施建议》一文中对灾害教育的实施策略较为全面，应该成为以后灾害教育研究和发展的方向（张健，2010）。一些研究者在此基础上也开展了类似研究。

评价研究。澳大利亚于 2000 年针对国小学童进行防灾素养调查时，调查内容主要为学童的风险感知（risk perception）与对灾害的准备（preparedness）（Ronan et al, 2000）。新西兰在 2004 年发表的类似报告，则加入了学童参与防灾教育的程度（Finnis et al.，2004）。叶欣诚（2007）对美国、日本与澳洲 4～6 年级与 7～9 年级学生，进行防灾素养检测并与我国台湾地区相对比，之后得出一些结论。Shaw（2004）等对日本 1 056 名学生的地震知识、风险意识、行为等方面作了调查，其根据学生的地震经验和教育程度，把不同地区的学生分为：高经验高教育、高经验低教育、低经验高教育和低经验低教育。其得出，修习环境与减灾课程（EDM）课程的学生，也就是高经验高教育程度的学生，意识和行为都比其他各类学生优越。

目前大陆地区大范围的针对中学生的防灾素养进行调查和分析的文章并不多，于秀丽（2003）对白城的 6 所初高中学校 600 名学生进行了防灾综合素养的调查，结果显示中学生对防灾减灾的态度是积极和正面的，并且掌握了一些基本的灾害知识，但防灾减灾意识以及应对突发性灾害的能力较为薄弱。董一峰（2008）对无锡市 8 所初高中的 300 名学生的调查显示相似的结果：学生有了解和学习灾害的主观意识和愿望，但是灾害意识不强，对身边可能发生的灾害教为陌生，应对灾害的知识储备不够。王益梅（2007）、吴凤群（2010）、王卓（2010）等研究者都作了学校范围内的调查研究。

培训研究。Joseph p. stoltman 等人（2004）在《能力建设、教育与技术培训》中指出"教育和技术培训是减灾的重要活动"。我国一些研究者也指出了需要通过培训来推进灾害教育研究与实践。教师是灾害教育的实施者，灾害教育课程目标能否实现，重要的在于教学过程中的落实，这在很大程度上取决于教师的灾害教育教学能力。

日本基于阪神淡路大地震的教训推进"兵库式防灾教育"，不仅针对地震，而是针对各种自然灾害并提高应对能力。为此将 9 名防灾教育专业推进员配备到各地（教育事务所 1 名），除此之外，面向学校教师有计划而持续地开展培训，培养了具备专业知识的"防灾教育推进指导员"。另外，面向一般教员也举办防灾教育研修会。其强调"从受灾经历中学习，培育生存能力"（诹访清二，2003）。土耳其海峡大学（Bogazici University），Kandilli 天文台和地震研究所的防灾单位于 2001 年在伊斯坦布尔开展教师灾害意识培训，取得较好效果（Unlu，2010）。

2.9 研究采用的主要研究方法和不足

已有研究主要应用的研究方法大多为国内外文献综述法、比较研究法（翻译国外资料横向比较法、我国发展历史纵向比较法）；调查表、问卷调查和访谈法在内的实证研究方法应用较少。

国外灾害教育研究比较深入，有理论探讨与实践支撑；国内关于灾害教育的作用效果研究还处在表面，不够深入，大多没有理论支撑；有些学者指出了灾害教育的必要性，研究已有一定的进展，但是还不够深刻和具体，已有的研究也没有较好地论证灾害教育的可行性；可以总结为多为介绍式研究、呼吁式研究。导致已有研究中存在这些问题的原因在于：一是研究缺乏足够的理论支撑，二是研究缺乏政策支持，缺少相关研究经费。可见，应积极、尽快开展灾害教育理论研究与实践。

2.10 总结与展望

综上，国内灾害教育研究与实践与国外相比尚有一定差距，具体表现在：灾害教育理论研究不够深入，感性多于理性；研究视野不够开阔，没有实现多学科综合；灾害教育实践大多为应景之需，没有长效机制保障，没有健全的灾害教育体系。灾害教育实践也缺乏科学设计的教育课程，教学研究不足，当然也缺乏师资培训等。灾害教育理论与实践研究既符合国家需要，又能促进学科发展，提高公民减灾意识与防灾素养，保证人民群众生命安全。在我国自然灾害频发、公民防灾素养偏低的情况下，可见开展灾害教育理论与实践研究具有深厚的理论与实践意义。

3 防灾素养调查及其启示

进行我国师生防灾素养水平调查，一是为了解防灾素养水平现状；二是为日后的灾害教育效果评价提供参照；三是为灾害教育课程与教学研究奠定理论基础。

调查旨在了解我国教师、高中生及初中生防灾素养水平，找出制约其防灾素养提升的关键因素，总结一般问题，提出相应策略。按照地理区划，调查分别选取了北京、黑龙江、吉林、山东、江西、上海、贵州、青海等省市不同地区、不同学校的教师，回收的有效问卷共计 885 份（发放 1000 份）。调查结果表明：教师防灾素养整体水平较低，其中防灾态度较高，防灾知识、技能偏低等问题，提出应尽快灾害教育师资培训，形成长效机制，促进灾害教育开展。

按照地理区划与经济发展程度，调查分别选取了北京、天津、黑龙江、上海、浙江、福建、广东、四川等省市不同地区、不同学校的高中生，回收的有效问卷共计 3478 份（发放 5000 份）。调查发现，我国高中生防灾素养总体水平偏低，大多具有正向积极的防灾态度，防灾技能、防灾知识维度得分偏低。但这只能看作全国较高水平，而不能看作一般水平，真实情况可能更令人堪忧。在此基础上，提出要针对学生年龄及心理特点开展相关教学研究，以期促进灾害教育的开展与学生防灾素养的提升。

调查分别选取了经济发展程度相对较高的北京、上海、天津、广东、福建及黑龙江等省市的初中各年级学生，回收有效问卷 7313 份（发放 10000份）。调查发现，我国初中生防灾素养总体水平偏低，初中生大多具有正向积极的防灾态度，防灾态度维度得分高于防灾技能，防灾知识维度最低。但这只能看作全国较高水平，而不能看作一般水平，真是情况可能更令人堪忧。在此基础上，提出要针对学生年龄及心理特点开展课程开发相关研究，以期促进灾害教育的开展与学生防灾素养的提升。

3.1 我国部分省市中学教师防灾素养调查

3.1.1 调查说明

学校是灾害教育实施的最佳场所，学生具有一定的防灾素养后可以向家庭、社会传播，进而提高全民防灾素养。教师防灾素养的高低在一定程度上决定了灾害的实施效果，国内尚无对教师防灾素养的相关研究，更见研究的迫切性。通过教师防灾素养调查，明确一般水平，找出问题，分析原因，制定对策，以促进我国灾害教育的可持续发展。

调查问卷总共分为四个部分，采用了判断、单选题以及态度量表三种题型。除了第四部分是调查教师的基本信息（包括教师目前所属的地区，性别、年龄、工作年限、学历、毕业专业院系、任教科目、防灾演练参与次数、是否协助过救灾、平时获得灾害信息或知识的途径、曾经亲身经历过的灾害）以外，前三部分是以测量教师防灾素养的知识、技能、态度三个维度而展开设计。

防灾素养调查需在全国范围或在一定区域范围内选择研究对象，才能使数据更具代表性，研究更具有科学性，鉴于此，研究者选取了开展灾害教育较早、经济发展程度较高的沿海地区与内陆地区；自然灾害频发与少发的地区；同时兼顾我国几大地理区域，选取了东北地区的黑龙江省、吉林省；华北地区的北京市；西北地区的青海省；西南地区的贵州省；华东地区的山东省、江西省、上海市。共计六省二市不同地区、不同学校的教师为研究调查对象。在研究经费及时间限制条件下，回收的有效问卷共计 885 份（发放 1000 份），研究样本满足研究需要。

一般认为，如果内在信度 α 系数在 0.80 以上，表示量表有高的信度，信度分析可知 α 系数为 0.808，证明教师防灾素养得分具有较高信度。研究结果能从一定程度代表我国教师的防灾素养水平。

3.1.2　教师防灾素养现状分析

防灾素养（Disaster prevention and mitigation Literacy）是指公民具备的防灾减灾知识、能力与态度。具体包括防灾知识、防灾技能与防灾态度三个层次，提高公民的灾害意识与防灾素养是灾害教育的核心。灾害意识与防灾素养是衡量一个国家或地区文明进步程度的一种标识。即防灾素养＝防灾知识＋防灾技能＋防灾态度，也即 $L=K+S+A$，问卷采用 Spss 16.0 分析，调查显示教师防灾素养符合正态分布，平均得分为 68.71 分，优秀占 15.6％，不及格人数占 22.2％，可见教师的防灾素养还有很大的提升空间（图 3-1）。

3.1.2.1　防灾知识维度

防灾知识得分标准差为 6.505，表示得分分布很离散；最小值 2 与最大值 34 在满分为 36 的情况下，相差很大；平均值为 20.37，得分较差。按照百分制中 80（含 80）～100 为优，60（含 60）～80 为良，60 以下为差的标准，得差的人数比优、良人数之和还多，表明在防灾知识维度上教师水平整体偏低，得 18 分的人数最多，占 17.5％。最高分得分人数占了 8.5％，最低分人数占了 0.1％，灾害知识维度上教师个体存在差异很大（图 3-2）。

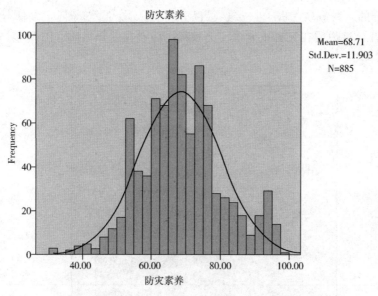

图 3-1　调查样本中教师防灾素养得分频率分布情况

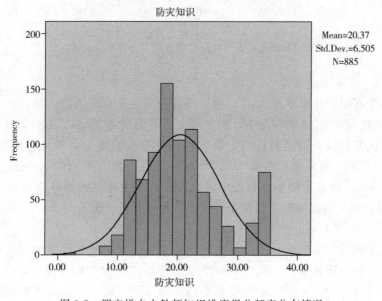

图 3-2　调查样本中教师知识维度得分频率分布情况

3.1.2.2　防灾技能维度

防灾技能得分标准差为 6.436，表示得分分布很离散；最小值 6 与最大值 36 在满分为 36 的情况下，相差很大；平均值为 25，得分中等。优、良、差三个等级的得分人数百分比相当，表明在防灾技能维度上教师整体水平中等。

得 18 分的人数最多，占 19.2%。最高分得分人数占了 8.8%，最低分人数占了 0.6%，这说明在灾害技能维度上教师个体存在差异很大（图 3-3）。

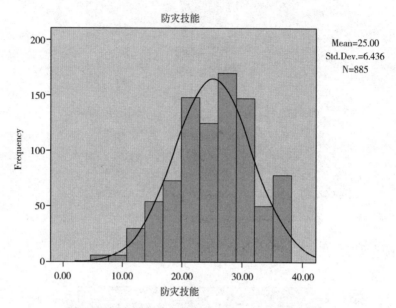

图 3-3　调查样本中教师技能维度得分频率分布情况

3.1.2.3　防灾态度维度

防灾态度得分标准差 4.02，表示得分分布还是比较离散；最小值 0 与最大值 36 在满分为 36 的情况下，相差很大；平均值为 28.84，得分较好。得优的人数比差、良人数之和还多，表明在防灾态度维度上教师水平整体偏高。得 31.2 分的人数最多，占 9.3%。最高分得分人数占了 0.9%，最低分人数占了 0.7%，而且从频率分布图中可以看出，态度维度的得分集中在 25.8～31.2 分，得分情况较好，内部差异较小，整体积极（图 3-4）。

3.1.2.4　防灾知识、技能与态度的关系

研究假设防灾知识、技能与态度同等重要，便于比较计算而采用相同赋分，共同构成防灾素养。在各个维度总分相等（36 分）的情况下，态度维度的平均得分 28.8414＞技能维度的平均得分 25.0000＞知识维度的平均得分 20.3661。同时各自的标准差大小成相反的顺序，这表明态度维度得分平均水平较高且分布最集中。

根据卡方独立检验结果，由于皮尔逊检验的显著性概率 $p=0.000<0.05$，说明态度维度得分与知识维度得分之间有相关性。$p=0.000<0.05$，说明技能维度得分与知识维度得分之间有相关性。$p=0.000<0.05$，说明技能维度得分与态度维度得分之间有相关性。防灾素养的知识、技能、态度三个维度之间均

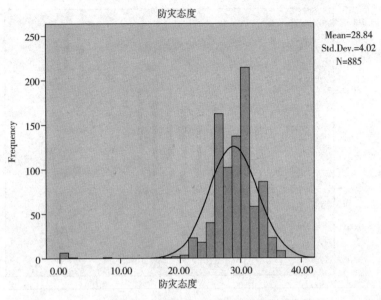

图 3-4　调查样本中教师技能维度得分频率分布情况

具相关性，防灾知识与防灾态度低度相关、与防灾技能中度相关；防灾技能与防灾态度呈低度相关，与防灾知识呈中度相关；防灾态度与防灾知识、防灾技能均呈低度相关。如图可见，防灾知识、态度与技能与防灾素养均具有相关性，防灾素养与防灾态度中度相关，与防灾知识、技能高度相关（图 3-5 至图 3-8）。

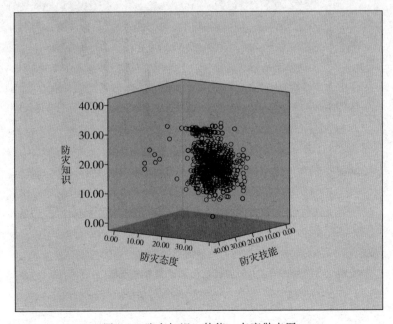

图 3-5　防灾知识、技能、态度散点图

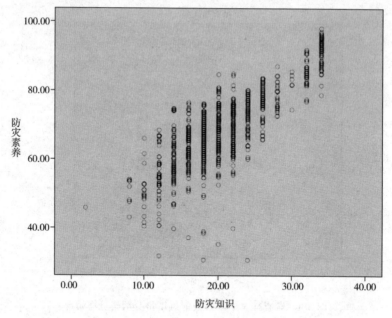

图 3-6　防灾知识与防灾素养散点图

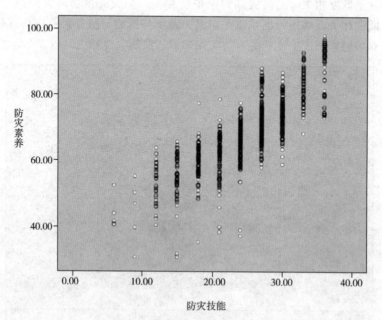

图 3-7　防灾技能与防灾素养散点图

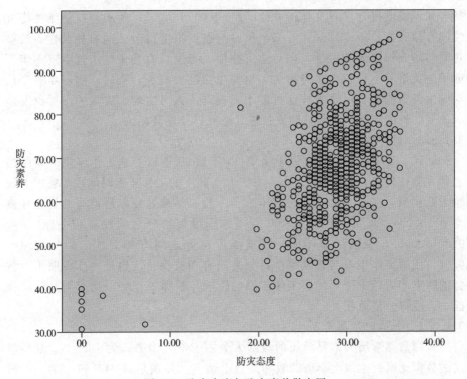

图 3-8　防灾态度与防灾素养散点图

3.1.3　教师基本情况分析及其与防灾素养的关系

3.1.3.1　教师的性别情况

　　女性教师数量上占了明显的优势，超过男性教师数量的两倍。对样本数据在 SPSS 里面做交叉列表分析，并进行卡方检验。研究表明，根据卡方独立检验结果，由于皮尔逊检验的显著性概率 $p = 0.032 < 0.05$，性别差异与防灾知识维度得分之间有相关性；$p = 0.008 < 0.05$，性别差异与技能维度得分之间有相关性；$p = 0.024 < 0.05$，性别差异与态度维度得分之间有相关性。可见，教师防灾素养三维度的防灾知识、防灾技能、防灾态度得分都与性别差异具有相关性，教师性别情况与其防灾技能得分显著相关。

3.1.3.2　教师的年龄情况

　　教师 30 岁以上未满 40 岁这个年龄段的教师人数最多，占了 38.4%；20 岁以上未满 30 岁年龄段与 40 岁以上未满 50 岁的年龄段的教师人数相差不大，分别占了 25.2% 和 26.4%。50 岁以上未满 60 岁的年龄段的教师人数最少，只占了 5.6%，说明教师年龄结构较为合理，以中年教师为主力。研究表明：根据卡方独立检验结果，皮尔逊检验的显著性概率 $p = 0.305 > 0.05$，年龄与知识维度得分之间没有相关性；$p=0.000<0.05$，年龄与技能维度得分之间有相关性；$p=0.000<0.05$，年龄与态度维度得分之间有相关性。教师年龄与防灾知识无相关性，但与防灾技能、态度具有相关性。这也进一步证明了防灾素养不仅仅与教育有关，也与生活经验有关；同时，随着年龄变化与人生经历的增长，防灾技能可能不断提升，人对生命、灾害的态度也发生着改变。教师年龄情况与其防灾技能、态度得分显著相关。

3.1.3.3 教师的工作年限情况

5 年（含）以下、25 年以上未满 30 年和 30 年以上这工作年限时间段的教师人数比较少，各自占了 5％左右。其他剩下的工作年限时间段的教师人数也大致相当，在 15％左右。根据卡方独立检验结果，皮尔逊检验的显著性概率 $p=0.084>0.05$，说明工作年限与知识维度得分之间没有相关性；$p=0.001<0.05$，说明工作年限与技能维度得分之间有相关性；$p=0.000<0.05$，说明工作年限与态度维度得分之间有相关性。这也进一步说明了，教师的防灾知识较少受年龄、工作年限的影响，教师工作年限情况与其防灾技能、态度得分显著相关。

3.1.3.4 教师的学历情况

教师最高学历为本科学历的教师人数占了绝大多数，为 76.8％。专科学历的教师比研究生以上学历的教师人数上稍多，分别是 9.94％和 5.54％。根据卡方独立检验结果，皮尔逊检验的显著性概率 $p=0.000<0.05$，说明学历与知识维度得分之间有相关性；$p=0.000<0.05$，说明学历与技能维度得分之间有相关性；$p=0.000<0.05$，说明学历与态度维度得分之间有相关性。防灾知识、技能、态度均与教师学历均具相关性。教师学历情况与其防灾技能、态度得分显著相关。

3.1.3.5 教师毕业专业院系情况

文科院系毕业的教师占的比例最高，36.38％，其次是理科院系和教育院系，分别是 25.42％和 22.15％。其他各类院系的比例都不足 10％，管理、商、科技院系的比例更是不足 1％；这与中学教学中设置的学科有关系。该问卷不仅对地理教师施测，也对其他学科教师进行调查，除了说明地理教师是否为科班出生之外，研究更关注学科背景给灾害教育实施现状所带来的影响。根据卡方独立检验结果，由于皮尔逊检验的显著性概率 $p=0.000<0.05$，说明毕业专业院系与知识维度得分之间有相关性；$p=0.001<0.05$，说明毕业专业院系与技能维度得分之间有相关性；$p=0.000<0.05$，说明毕业专业院系与态度维度得分之间有相关性。教师毕业专业院系情况与其防灾知识、态度得分显著相关。

3.1.3.6 教师任教科目情况

该题是复选题，因为部分教师在已有的教学生涯中，已任教过多门学科。任教过其他科目的教师人数最多（30.2％），这与此题设置时涉及的科目没有目前的学科丰富有关，如化学、生物、物理等没有罗列在选项中；任教过地理的教师人数次多（26.2%），这与调查样本抽取时部分省份是在地理教师培训时进行，地理教师人数上有一定的优势有关；任教过数学（13.8%）或语文（18.6%）的教师比其他学科的教师多，与中学教学里各学科所需要教师数目情况一致。任教科目与防灾素养水平差异不大，这与灾害教育实施现状调查定性分析结论一致。

3.1.3.7 教师参加防灾演练情况

在目前服务学校期间，教师曾经参加过的防灾演练次数集中在 0~3 次；次数越多，教师的人数呈现递减的趋势。根据卡方独立检验结果，由于皮尔逊检验的显著性概率 $p=0.000<0.05$，说明在目前服务学校期间，教师曾经参加防灾演练次数与知识维度得分之间有相关性；$p=0.000<0.05$，说明在目前服务学校期间，教师曾经参加防灾演练次数与技能维度得分之间有相关性；$p=0.000<0.05$，说明在目前服务学校期间，教师曾经参加防灾演练次数与态度维度得分之间有相关性。教师参与演练次数情况均与其防灾知识、态度、技能得分显著相关（图 3-9）。

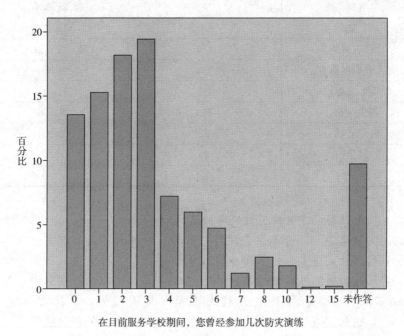

在目前服务学校期间，您曾经参加几次防灾演练

图 3-9 调查样本中教师在目前服务学校期间，曾经参加几次防灾演练的情况

3.1.3.8 教师曾经是否协助救灾情况

曾经协助救灾的教师比曾经未协助过救灾的教师稍多，二者的比例分别为 52.66% 和 42.15%。根据卡方独立检验结果，由于皮尔逊检验的显著性概

率 $p=0.002<0.05$，说明教师是否协助救灾与知识维度得分之间有相关性；$p=0.000<0.05$，说明教师是否协助救灾与技能维度得分之间有相关性；$p=0.000<0.05$，说明教师是否协助救灾与态度维度得分之间有相关性。亲自参与救灾能更好的理论联系实际，提高自身防灾素养，教师曾经是否协助救灾情况均与其防灾知识、态度、技能得分显著相关。这提示我们今后开展灾害教育及师资培训要强调体验式学习。

3.1.3.9　教师平时获得有关灾害的知识或信息的途径的情况

此题为复选题，因为教师平时获得有关灾害的知识或信息的途径往往不止一种。从表 3-1 可知，电视是教师获得相关信息最普遍的一个途径，占教师样本数的 88.9%，其次是计算机网络为 75.4%，报纸杂志为 58.0%，题中所列的其他的途径教师比例都在 50% 以下。除开展教师专题研修班、培训形式之外，还应采用电视宣教、网络传播、期刊报纸熏陶的方法提高教师的防灾素养。

表 3-1　调查样本中教师平时获得有关灾害的知识或信息的途径

知识来源	样本数	百分比
电视	765	26.2%
广播	403	13.8%
计算机网络	649	22.2%
家人或亲戚朋友	228	7.8%
报纸杂志	499	17.1%
相关书籍	254	8.7%
研习活动	91	3.1%
其他	36	1.2%
合计	2925	100.0%

3.1.3.10　教师曾经亲身经历过灾害的情况

此题为复选题，调查不仅关注自然灾害、也纳入了人为灾害。我国大部分地区都是多种灾害共存，教师也往往不仅经历过一种灾害。从上表中可以看出，经历过台风的教师数量占样本数的 34.6%，这与调查样本中上海地区教师较多，上海地区主要的自然灾害是台风有关系。其次多的是地震（21.8%），这与调查样本中青海地区发生过玉树地震有关。然后是经历过洪涝（16.0%）（与我国江河分布多，流域面积大有关，如江西省教师洪涝经历较多，也较为关注洪涝灾害）、交通事故（15.4%）、火灾（14.3%）、割伤（12.9%）这些比较常见的灾害的教师人数比较多。这也说明灾害教育应关注区域性灾害，充分说明区域性自然灾害应该成为灾害教育的主题（表 3-2）。

表 3-2 调查样本中教师灾害经历的情况

灾害经历	样本	百分比
无	270	20.2％
台风	291	21.8％
地震	183	13.7％
洪涝	134	10.0％
泥石流	30	2.2％
滑坡	29	2.2％
火灾	120	9.0％
交通事故	129	9.6％
坠落	15	1.1％
割伤	108	8.1％
龙卷风	19	1.4％
其他	9	.7％
合计	1337	100.0％

根据卡方独立检验结果，由于皮尔逊检验的显著性概率 $p=0.003<0.05$，说明教师经历灾种数目与知识维度得分之间有相关性；$p=0.245>0.05$，说明教师经历灾种数目与技能维度得分之间没有相关性；$p=0.121>0.05$，说明教师经历灾种数目与态度维度得分之间没有相关性。教师灾害经历与其防灾知识得分显著相关。

3.1.3.11 小结

教师 30 岁以上未满 40 岁这个年龄段的教师人数最多，占了 38.4％；20 岁以上未满 30 岁年龄段与 40 岁以上未满 50 岁的年龄段的教师人数相差不大，分别占了 25.2％和 26.4％。50 岁以上未满 60 岁的年龄段的教师人数最少，只占了 5.6％，说明教师年龄结构较为合理，以中年教师为主力。女性教师数量上占了明显的优势，超过男性教师数量的两倍。教师最高学历为本科学历的教师人数占了绝大多数，为 76.8％。专科学历的教师比研究生以上学历的教师人数上稍多，分别是 9.94％和 5.54％。在目前服务学校期间，教师曾经参加过的防灾演练次数集中在 0～3 次；次数越多，教师的人数呈现递减的趋势。经历过台风的教师数量占样本数的 34.6％，曾经协助救灾的教师比曾经未协助过救灾的教师稍多，二者的比例分别为 52.66％和 42.15％。电视是教师获得相关信息最普遍的一个途径，占教师样本数的 88.9％，其次是计算机网络，75.4％，报纸杂志 58.0％。

3.1.4 结论与建议

现阶段，我国教师防灾素养整体偏低，其中防灾态度较高、防灾技能居中、防灾知识偏低。防灾素养的知识、技能、态度三个维度之间都有相关性，但并不呈线性相关。防灾知识、防灾技能、防灾态度三者可相互促进，任一维度的缺失或不足都会造成防灾素养整体的低下。

除年龄、工作年限与防灾知识维度得分不相关；经历灾种数目与防灾知识、技能维度得分不相关以外，其他各个基本信息与各个素养维度之间都相关。具体来说，教师防灾知识与其毕业专业院系、参加防灾演练次数、是否协助救灾有显著相关；教师防灾技能与其性别、年龄、工作年限、学历、参加防灾演练次数、是否协助救灾有显著相关；教师防灾态度与其性别、年龄、工作年限、学历、毕业专业院系、参加防灾演练次数、是否协助救灾有显著相关。换个视角看，性别差异主要影响防灾技能；年龄、工作年限、学历因素对防灾知识影响不大；毕业专业院系主要影响教师的防灾知识与态度。

教师防灾态度偏高，研究假设指出：我国灾害教育实施不尽如人意，是因为重视程度不够，态度不够积极，既然教师防灾态度积极，为什么未能积极开展灾害教育呢？结合灾害教育实施现状调查可知，教师明确其重要性，但是付诸行动较少，效果不佳，谓之"知行脱节"，可能是现实中制约灾害教育开展的诸多因素存在导致，也可能防灾态度不代表教师灾害教育意念，或者说其较少认同灾害教育价值，这些都需要进一步研究证明；这也可能是态度量表测量所带来的问题，实际中防灾态度并非如此，但结合我国近年来自然灾害多发的背景，公众整体防灾态度整体积极，这不失为一种好现象。教师防灾知识维度得分偏低，技能得分反而较其稍好值得思考。防灾知识的低下可以看作教师没有接受灾害教育导致，而防灾技能等可以通过生活经验、记忆传承等获得，防灾态度也可能随着灾害频发的现实认识不断增强，防灾素养整体提升依赖于灾害教育。

现阶段，防灾演练在中学已逐渐普及，灾害教育得到较高重视，不能简单推测诸如重视程度不高的原因导致了防灾素养不高的现实，主要制约因素为师资培训、教材建设、教学研究、教学评价、长效机制与制度保障问题。同时值得注意的是尚有 13.6% 的教师未曾参加过防灾演练，参加调查问卷的教师从一定程度上来说都是该地区较为优秀、工作条件较好的教师，我国广大落后地区、农村地区防灾演练开展情形可想而知。由于灾害易损问题归根结底还是教育与经济发展程度问题，建议后续研究专门针对农村地区、落后地区的师生进行素养检测，提出对策以真正解决落后地区脆弱性较大、防灾素养不高的现实问题。同时，防灾知识、防灾技能与防灾态度三者的关系及其影响因素；教师性别差异对学生防灾素养形成及灾害教育效果影响；教师灾害经历对防灾知识、技能、态度的影响等问题这都值得进一步研究。

为了促进灾害教育的开展、保障灾害教育效果，必须尽快通过教师培训等措施提高教师防灾素养。研究者指出应该通过开展灾害教育师资培训、防灾素养调查推进灾害教育。

3.2 我国部分省市高中生防灾素养调查

3.2.1 调查说明

研究旨在通过问卷的形式来了解目前我国高中生的防灾知识、技能和态度水平，同时通过分析高中生个人信息与防灾素养得分的关系来探讨影响高中生防灾素养的主要因素，进而找出制约其防灾素养提升的关键因素，总结一般问题，提出相应策略。

从问卷的形式来看，该问卷主要分为了四大部分：第一部分为选择题，通过提出与防灾内容相关的是非题，要求学生判断出对错；第二部分为选择题，针对一个问题会给出四个不同的答案，要求学生从中找到正确的答案编号；第三部分为五点态度量表题；第四部分为个人信息部分，主要是通过填空和选择的方式来了解学生所在的地区、所在的学校、性别、家庭背景、灾害知识和灾害经历、以及是否接受过演练和是否协助救灾等一系列内容。从问卷所要体现的内容来看，前三部分主要是针对学生自身的防灾素养水平现状的调查。问卷不仅注重了防灾知识的考察，同时更加关注了防灾技能和防灾态度。通过这三方面的结合，从而来完成对高中生防灾素养的综合考查。

按照地理区划，调查分别选取了北京、天津、黑龙江、上海、浙江、福建、广东、四川等省市不同地区、不同学校的高中生，回收的有效问卷共计3478 份（发放 5000 份）。一般认为，如果内在信度 α 系数在 0.80 以上，表示量表有高的信度，信度分析可知 α 系数为 0.801，证明高中生防灾素养得分具有较高信度。研究结果能从一定程度代表我国高中生的防灾素养水平。

3.2.2 高中生防灾素养现状分析

问卷采用 spss 16.0 分析，防灾素养平均分为 64.79 分，最低分 0 分，最高分 100 分，标准方差为 12.28，防灾素养得分分散，态度维度得分平均水平较高且分布最集中，防灾知识、技能维度得分较低（图 3-10）。

在各年级防灾技能得分统计中发现，防灾素养总体得分表现为高三优于高一、高一优于高二。从平均分来看，高一和高二均未达到平均分水平。从以上知识、技能、态度、总分四个角度来看，高中生防灾素养情况表现出了知识和技能稍弱，态度稍强的特点。总体来看，平均分达到了及格线以上，具有一定的防灾素养。

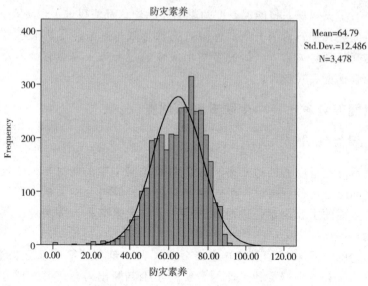

图 3-10　防灾素养得分分布情况

3.2.2.1　防灾知识层面

知识层面一共有判断题 8 道、选择题 10 道，通过加权平均后，该部分总计满分为 36 分。知识最高分 36 分，最低分 0 分，平均分约为 19.1771，标准差为 4.998，数据正态分布。高中生防灾知识水平普遍偏低，主要为中下水平，因此防灾素养知识教育还有很大的发展空间。学生所掌握的防灾知识水平基本上在中下水平，有待于进一步提高，地区差异也较大（图 3-11）。

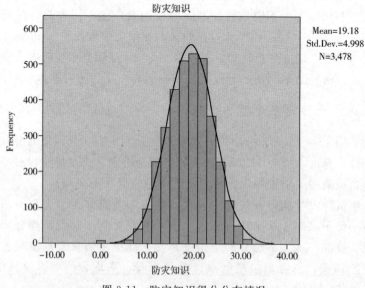

图 3-11　防灾知识得分分布情况

3.2.2.2 防灾技能层面

技能层面一共有判断题 4 道、选择题 8 道，通过加权平均后，该部分总计满分为 36 分。最高分 36 分，最低分 0 分，平均分为 20.4085，标准差为 7.991。防灾技能得分分布相对比较均匀，数据从 14~28 之间都有比较多人数的分布，其中 24 分人数最多，依据传统百分制中 60 分为合格，则有 52.5% 的学生属于差等级，即尚未达到要求掌握的标准（图 3-12）。

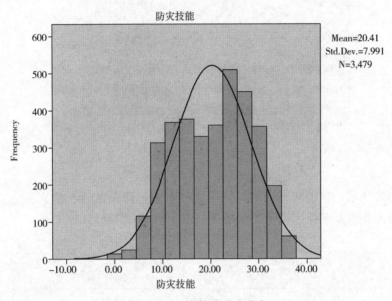

图 3-12 防灾技能得分分布

3.2.2.3 防灾态度层面

技能层面一共有打分题 12 道，通过加权平均后，该部分总计满分为 36 分。态度最高分 24 分，最低分 0 分，平均分约为 30.3953，标准差为 5.48。有 75.2% 的学生属于优等级，防灾态度偏高（图 3-13）。

3.2.2.4 防灾知识、技能与态度的关系

在各个维度总分相等（36 分）的情况下，态度维度的平均得分 30.3953＞技能维度的平均得分 20.4085＞知识维度的平均得分 19.1771。根据卡方独立检验结果，由于皮尔逊检验的显著性概率 $p=0.000<0.05$，说明态度维度得分与知识维度得分之间有相关性。$p=0.000<0.05$，说明技能维度得分与知识维度得分之间有相关性。$p=0.000<0.05$，说明技能维度得分与态度维度得分之间有相关性。防灾知识与防灾技能中度相关、与防灾态度低度相关。防灾技能与防灾知识中度相关、与防灾态度低度相关。防灾态度与防灾知识、技能均低度相关。说明高中生防灾知识获得与技能培养关系较大。

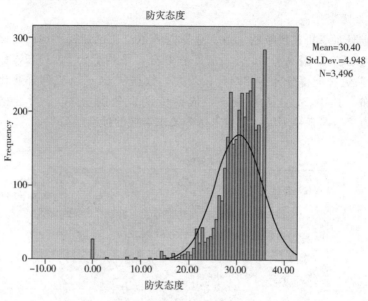

图 3-13　防灾态度得分分布

　　防灾知识、技能与态度均与防灾素养相关，防灾素养与防灾知识、防灾技能高度相关，与防灾态度中度相关（图 3-14 至图 3-17）。

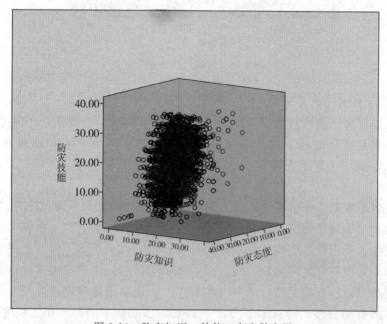

图 3-14　防灾知识、技能、态度散点图

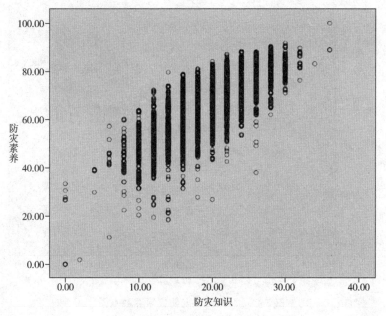

图 3-15　防灾知识与防灾素养散点图

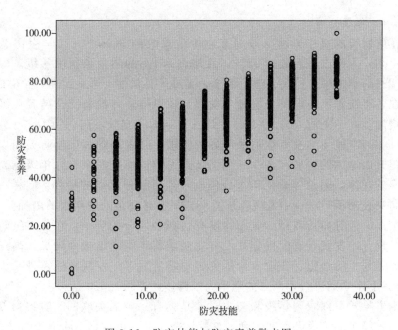

图 3-16　防灾技能与防灾素养散点图

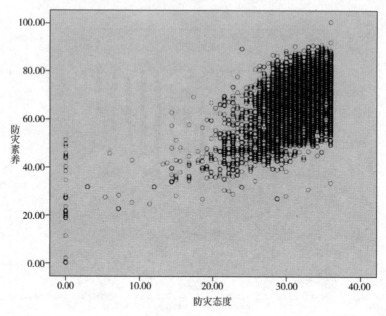

图 3-17　防灾态度与防灾素养散点图

3.2.3　高中生基本情况分析及其与防灾素养的关系

3.2.3.1　年级分布

在所调查的高中学生中，高三学生占总数的 36％；高二学生占总数的 12％；高一人数占总人数的 52％；另外有 0.1％的学生未指明年级。即参与本次调查的学生中，以高一学生最多，超过了总量的一半，而高二学生最少。

在各年级防灾知识得分统计中发现，知识得分并没有完全随着年级的增加而增加，高二平均分为 18.2 分，高三最高 20.39 分，高一为 18.90 分。并且高一和高二成绩均没有达到平均分的要求。并未得到高中生防灾知识随着年级提升而增加的结果。高中三个年级防灾知识并非完全符合年级越高知识越丰富的规律，但总体是低年级分值低，高年级分值高的趋势。同样，在各年级防灾技能得分统计中发现，技能得分并没有完全随着年级的增加而增加，高三最高，并且高一和高二成绩均没有达到平均分的要求。在各年级防灾技能得分统计中发现，态度得分并没有完全随着年级的增加而增加。高三得分较高是否与生活经历、开设《自然灾害与防治》有一定联系还需进一步探讨（调查在上半学期进行，高二的学生尚未修读此课程）。

卡方检验可以看到年级和防灾素养是具有一定的关联的。防灾素养的形成并不能简单的依靠课程和老师，它应该是一个日积月累不断增长的过程。

3.2.3.2　性别比例

从男女比例来看，调查样本中，女生人数占总数的 54.1％；而男生占总数的 41.4％；另外有 4.5％未回答。可以看到，样本中女生比率要远大于男生比例，一方面可能是调查样本中男女生比例的问题；另一方面在问卷的录入过程中可以看到，男生的动手积极性较女生要差，大部分男生在基本信息部分就选择不再填写；也可能是因为文科班级居多而带来的问题。

不同性别的学生在知识、技能、态度三方面的得分具有明显的差异，并且是女生要普遍优于男生，但是在知识和技能部分，最优秀的阶段男生的比例要多于女生，即男生成绩得分内部的差异比较大，女生普遍比较平均；在态度方面，女生明显要优于男生。

对学生性别与防灾素养得分进行卡方检验分析，可以看到两者具有很显著的相关关系。从防灾素养分级情况也可以看出女生和男生在学习方式上存在的差别。

3.2.3.3 家庭学历背景

问卷对被调查学生的家庭父母最高学历情况进行了统计，家长的学历分布集中在本科、高中和初中部分，分别占到了总数的 29.9％、27.3％和15.2％，三者总和超过了 60％，初中学历及以上的家长总数为 92.1％。但从中也可以看到家长中依然有未就学的人员，占到了综述的 0.7％，小学毕业的家长依然占有一定比例。

本次调查中，将家长的学历由博士一直到未回答分出了 8 个等级，学历对与学生防灾素养的得分并没有非常明显的相关关系。究其原因一方面防灾内容并非教学、考试需要学生必须掌握的内容，因此不会受到家长的重视，加之忌讳灾害的传统文化，家长一般不会关注小孩的防灾素养提升；另一方面防灾素养本身不仅仅要求的是知识方面，更重要的要有技能和态度方面的培养，是一个综合的结果，因此家长学历背景对其影响不大。

3.2.3.4 灾害知识来源

学生选择获得防灾知识的主要途径的电视高居首位，90.1％的学生都选择了电视这一项；其次有 67.3％的学生都选择了学校课程这一项，作为学校教育、学校课程和老师在学生的学习过程中占据了无法替代的作用，因此比重也是非常大；再次就是计算机网络在现实生活中的作用日益突出，它也成为了 63.4％的学生获取防灾知识的一个重要途径。其次是报纸杂志、课外读物等等，都有一定的分量，广播的地位明显不如其他选项（表 3-3）。

但是在统计过程中，从学生在备选空格

表 3-3 调查样本中高中生平时获得有关灾害的知识或信息的途径

知识来源	样本	百分比
电视	2986	21.0％
广播	1207	8.5％
计算机网络	2094	14.7％
学校课程、老师	2250	15.8％
同学	1117	7.9％
家人或亲戚朋友	1400	9.9％
报纸杂志	1803	12.7％
课外读物	1353	9.5％
合计	14210	100.0％

中所填写的内容来看，出了上述传统获得防灾知识的途径以外，学生也在不段的通过其他途径学习防灾知识。图中主要统计了学生在其他部分所填的内容，可以看到随着社会经济条件的发展，一些新的信息传播途径，例如手机报、电影、公告栏、座谈、场馆、有关部门、防灾演练等都已经开始进入了学生的视野，特别是手机报被学生多次提到，可见学生获得知识途径是多样化的，这些途径中不仅包括了传统信息传播的主要方式，学生对于新兴事物的关注也为今后教育开辟了新途径。

通过对知识来源和学生防灾素养两者之间的卡方检验也可以看到，两者具有明显的相关关系。知识来源越多，对于获取防灾知识、技能和态度的培养都具有非常重要的意义。

3.2.3.5 灾害经历

仅有 32.7%的学生并没有任何的灾害经历，这与部分人为灾害纳入其中有关。而在有灾害经历的学生中，学生生活中所经受的灾害明显集中在了几个灾种上。其中经历过台风的学生人数最多，占总样本人数的 38.4%，这一数据主要和我们抽取样本的对象有关，本次调查抽取的样本中从我国东南沿海地区获得的样本总量占到总样本量的 59.4%，为台风频发地区；其次经历割伤的学生人数也很多，占样本数量的 36.6%，这一点主要是和学生成长过程中的生活经历密切相关；交通事故也是影响学生的重要灾害类型，其中 20.5%的学生表明其曾经受到过交通事故的伤害（表 3-4）。

表 3-4　调查样本中高中生灾害经历的情况

灾害经历	样本数	百分比
无	1125	19.5%
台风	1202	20.9%
地震	437	7.6%
洪涝	371	6.4%
泥石流	73	1.3%
滑坡	63	1.1%
火灾	229	4.0%
交通事故	672	11.7%
坠落	199	3.5%
割伤	1183	20.5%
龙卷风	99	1.7%
其他	105	1.8%
合计	5758	100.0%

以上分析可以看到，目前高中生主要可能遭受的灾害一部分来自于自然灾害；与此同时在其日常生活中也可能面临了多种灾害的威胁，例如割伤，这种灾害一般不会被人们重视，但是却是对高中阶段学生存在了一定的影响；与此同时，社会发展而忽视灾害教育，使得学生同样也面临了如交通事故等这些社会化灾害带来的威胁，这也提示了我们防灾素养和防灾意识的形成必须是学校、家庭和社会共同参与解决的问题。

灾害经历仅与防灾技能相关，与其他知识、态度和总分都不相关。可以理解为学生在经历灾害的过程中，掌握了一些预防和救助灾害的技能，但这一过程中因为缺乏引导，无法达到影响其知识和态度进而影响防灾素养的作用。

3.2.3.6 防灾演练参与次数

有关高中生灾害实践的分析主要是通过提问的形式，要学生填写出其参加防灾演练和协助救灾的次数。39.5％的学生表示没有参加过任何形式的防灾演练；约19.1％的学生仅参加过1次防灾演练；16.9％和9.1％的学生参加过2～3次防灾演练，随着参加演练次数的增加，人数不断递减，参加过10次的仅占总数的0.3％。在我国各地发生灾害的频次很高，同时灾种也很多，一定要科学设计防灾演练，合理设定演练次数（图3-18）。

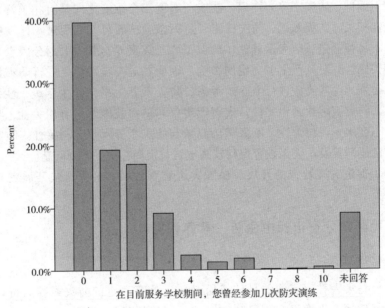

图3-18 高中生防灾演练次数统计

学生参加防灾演练的次数主要集中在0～3次。通过对防灾演练次数与防灾素养总分的卡方检验可以看到，两者具有一定的相关性。防灾演练是目前学生体验灾害并且学习基本技能的重要途径，参加一定数量的针对不同灾种的防灾演练，对于学生应对突如其来的灾难具有重要的作用，也对其防灾素养的形成具有重要的意义。

3.2.3.7 小结

在所调查的高中学生中，高三学生占总数的 36%；高二学生占总数的 12%；高一人数占总人数的 52%；另外有 0.1% 的学生未指明年级。从男女比例来看，调查样本中，女生人数占总数的 54.1%；而男生占总数的 41.4%；另外有 4.5% 未回答。家长的学历分布集中在本科、高中和初中部分，分别占到了总数的 29.9%、27.3% 和 15.2%，三者总和超过了 60%，初中学历及以上的家长总数为 92.1%。

学生选择获得防灾知识的主要途径有电视、学校教育、计算机、报纸杂志、课外读物，广播的地位明显不如其他选项。仅有 32.7% 的学生并没有任何的灾害经历，这与部分人为灾害纳入其中有关。学生参加防灾演练的次数主要集中在 0~3 次。

3.2.4 结论与建议

现阶段，我国高中生防灾素养整体偏低，其中防灾态度较高，防灾技能、防灾知识偏低。防灾素养的知识、技能、态度三个维度之间都有相关性，但并不呈线性相关。防灾知识、防灾技能、防灾态度三者可相互促进，任一维度的缺失或不足都会造成防灾素养整体的低下。防灾素养与其中大部分因素具有明显的相关性，并对其产生了一定的影响，因而在进一步对学生进行防灾素养教育中，必须对这些要素进行全面的考虑。防灾素养水平与学生年级、性别、知识来源、防灾演练均具相关性，灾害经历仅与防灾技能水平有相关性、与防灾知识与态度水平无相关性，家庭学历背景与防灾素养水平无相关性。防灾演练在中学已逐渐普及，灾害教育得到较高重视，但尚存在一系列问题。

为了促进灾害教育的开展、保障灾害教育效果，必须尽快开展灾害教育教学研究。

3.3 我国部分省市初中生防灾素养调查

3.3.1 调查说明

学校是灾害教育实施的最佳场所，学生具有一定的防灾素养后可以向家庭与社会传播，进而提高全民防灾素养。现阶段尚无对全国大范围初中生灾害意识、防灾素养的相关调查研究。初中生防灾素养调查问卷分为判断题、选择题、态度五点量表题和个人信息等四个部分，其中判断题和选择题主要考察被调查者的防灾知识、技能，态度量表主要考察其防灾态度，以此综合了解学生的防灾素养实际水平。知识维度题目主要反映初中生的防灾知识状况，分为灾害知识、防备知识和应变知识；技能维度的题目体现初中生的防灾技能，分为准备行动和应变行为；态度维度题目检验学生的防灾态度，分为防灾警觉性、防灾价值观和防灾责任感。

调查分别选取了经济发展程度相对较高的北京、上海、天津、广东、福建及黑龙江六个省市不同地区、不同学校的初中生作为调查研究对象，回收有效问卷7313份（发放10000份）。一般认为，如果内在信度α系数在0.80以上，表示量表有高的信度，信度分析可知α系数为0.812，证明初中生防灾素养得分具有较高信度。研究结果能从一定程度代表我国初中生的防灾素养水平。

3.3.2 初中生防灾素养现状分析

问卷采用spss 16.0分析，防灾素养总得分中，学生所得平均分为60.35分，最高分为满分100分，最低分为12分，不及格占48.7%，优秀占5%。标准差为11.929，得分非常分散。根据图3-19可以发现，学生得分水平成正态分布，学生防灾素养总体水平较低。

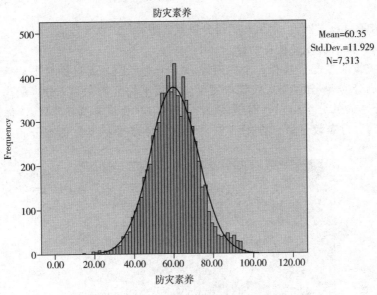

图3-19 初中生防灾素养得分统计

3.3.2.1 初中生防灾知识分析

防灾知识维度一共有8个判断题和10个选择题，通过加权平均后，该部分总计满分为36分。灾害知识维度题目中，学生所得平均分为18.21分，最高分为满分36分，最低分为0分。标准差为5.83，得分较分散。按照百分制中80（含80）～100为优，60（含60）～80为良，60以下为差的标准，不及格率为70.6%，优秀率仅为4.4%。根据图3-20可知，学生得分水平基本为正态分布，

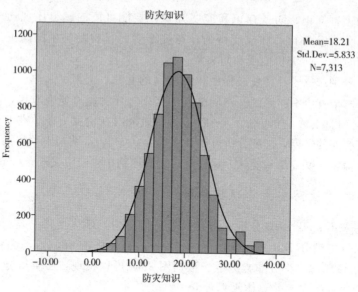

图 3-20　初中生防灾知识得分统计图

主要集中在 14～22 分，学生知识得分较差，防灾知识水平较低。

3.3.2.2　初中生防灾技能分析

　　防灾技能维度一共有 5 个判断题和 7 个选择题，通过加权平均后，该部分总计满分为 36 分。防灾技能维度学生所得平均分为 18.87 分，最高分为满分 36 分，最低分为 0 分。优秀率为 6.2%，不及格率为 72.4%。标准差为 6.25，得分分布较分散。据图 3-21，学生得分水平基本为正态分布，主要集

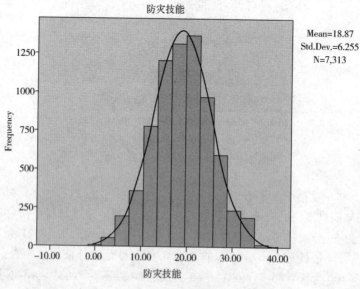

图 3-21　初中生防灾技能得分统计图

中在 8～28 分，学生技能得分较差，防灾技能水平较低。

3.3.2.3 初中生防灾态度分析

防灾素养的态度部分共 12 题，通过加权平均后，该部分总计满分为 36 分。防灾态度维度题目中，学生所得平均分为 28.10 分，最高分为满分 36 分，最低分为 0 分。优秀率为 53.9%，不及格率为 6.6%。标准差为 5.00，得分分布较分散，得分普遍较高，防灾态度水平较高（图 3-22）。

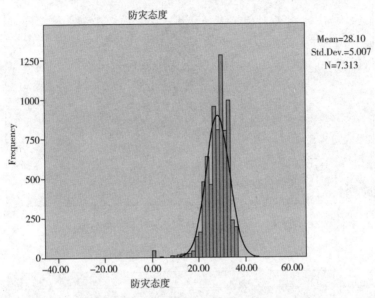

图 3-22　初中生防灾态度得分统计

3.3.2.4 防灾知识、技能与态度的关系

研究假设防灾知识、技能与态度同等重要，便于计算而采用相同赋分，共同构成防灾素养。在各个维度总分相等（36 分）的情况下，态度维度的平均得分 28.10＞技能维度的平均得分 18.87＞知识维度的平均得分 18.21，技能维度得分与知识维度得分偏低，但差别不大。

根据卡方独立检验结果，由于皮尔逊检验的显著性概率 $p=0.000<0.05$，说明态度维度得分与知识维度得分之间有相关性。$p=0.000<0.05$，说明技能维度得分与知识维度得分之间有相关性。$p=0.000<0.05$，说明技能维度得分与态度维度得分之间有相关性。防灾素养的知识、技能、态度三个维度之间都有相关性，防灾知识与防灾态度低度相关、与防灾技能中度相关；防灾技能与防灾态度呈低度相关，与防灾知识呈中度相关；防灾态度与防灾知识、防灾技能均呈低度相关。

防灾知识、态度与技能与防灾素养均具有相关性，防灾素养与防灾技能、态度中度相关，与防灾知识高度相关（图 3-23 至图 3-26）。

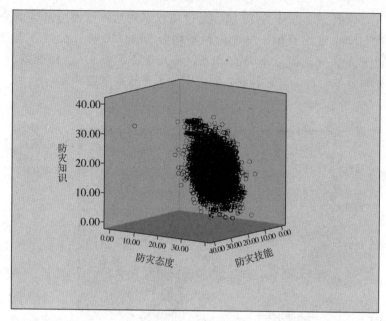

图 3-23　防灾知识、技能、态度得分散点图

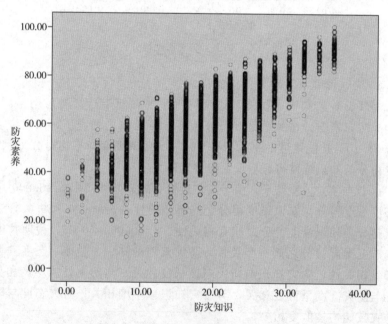

图 3-24　防灾知识与防灾素养散点图

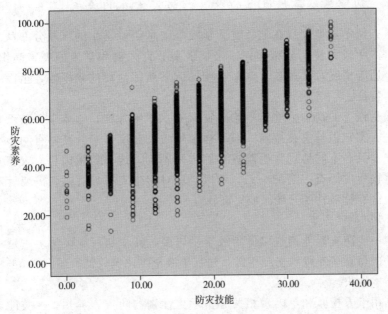

图 3-25　防灾技能与防灾素养散点图

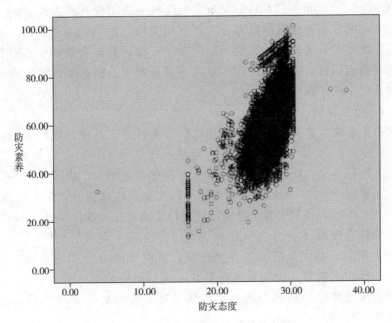

图 3-26　防灾态度与防灾素养散点图

3.3.3 初中生基本情况分析及其与防灾素养的关系

调查从学生学校所在地、就读学校等信息了解学生的区域分布状况，关注学生的年级和性别分布比例、家长最高教育程度和学生的灾害知识来源、灾害经历等情况，并调查学生在校参加防灾演练活动的频率等，全面关注学生基本特征。

接受调查的初中生整体平均防灾素养水平刚及格，总体水平较低，尤其表现在灾害知识与灾害技能方面。初中生防灾态度普遍较高，有利于灾害教育知识普及。不同地区学生防灾素养水平不同，这与地域灾种、灾害知识普及的重视程度等有一定的关系。所以，在对学生灾害教育时，需要针对学生所在地区有针对性的开展区域灾害教育。

3.3.3.1 年级分布

初中生防灾素养调查以低年级学生居多，其中初一年级学生占近一半比例，其次是预备年级和初二年级，初三年级学生比例较低。还有 3.5% 的个人信息样本缺失。

利用卡方检验和单因素相关分析学生性别与防灾素养知识、技能、态度以及总分之间的相关性，对样本数据在 SPSS 里面做交叉列表分析，并进行卡方检验。研究表明，根据卡方独立检验结果，由于皮尔逊检验的显著性概率 $p = 0.000 > 0.05$，年级分布与防灾知识维度得分之间没有相关性；$p = 0.000 < 0.05$，年级分布与技能维度得分之间有相关性；$p = 0.000 < 0.05$，年级分布与态度维度得分之间有相关性。初中生防灾知识和防灾技能水平随着学生年级的升高而提升，灾害态度方面年级差异不明显，但高年级学生防灾态度依然略微优于低年级学生。

3.3.3.2 性别比例

初中生防灾素养调查对象的性别比例基本持平。其中有效样本中，男生 3440 人占 48.8%，女生 3 437 人占有效样本比例为 48.7%，有 2.5% 的人未填写个人性别信息。研究表明，根据卡方独立检验结果，由于皮尔逊检验的显著性概率 $p = 0.23 > 0.05$，性别差异与防灾知识维度得分之间没有相关性；$p = 0.000 < 0.05$，性别差异与技能维度得分之间有相关性；$p = 0.000 < 0.05$，性别差异与态度维度得分之间有相关性。男生防灾素养平均分 59.7，女生 62.1 分。可见，初中生防灾素养的技能、防灾维度得分都与性别差异具有相关性，性别因素对防灾知识得分影响不大。研究发现，女生在防灾知识、技能及态度维度得分均高于男生，该结果基本符合处于青少年阶段的初中生特点。

3.3.3.3 父母学历

初中生防灾素养调查中，家长最高学历集中在初中到大学阶段，家长的

教育程度整体较高，未就学的家长比例最低，仅占 0.8％。其中，大学学历以
28.0％的比例居于首位，其次是高中学历占 23.8％，19.5％的家长为初中学
历，10.3％的家长为专科学历，硕士和博士的比例各为 5.6％与 3.5％，小学
学历家长为 1.6％。卡方检验和单因素方差分析的结果均说明学生家长教育程
度与其防灾素养知识、技能、态度三个维度的得分以及总分之间存在相关关
系。一般而言，家长学历越高，学生防灾素养水平越高。家长教育背景为未
就业的家庭成长的初中生的灾害知识、灾害技能和灾害态度以及防灾素养总
分得分水平均较低，而家长教育背景为大学、硕士、专科和高中的家庭成长
的初中生得分比例较高，这值得深思。

3.3.3.4 灾害知识来源

初中生关于灾害知识主要来源方式回答有效率较高，达到 93.9％。初中
生获取灾害知识的来源依次为电视、计算机网络、学校课程或老师、报纸杂
志、家人亲朋、课外读物、广播、同学等，其他方式占 0.9％。其中，电视、
计算机网络、学校课程或老师、报纸杂志、课外读物等途径在初中生所有知
识来源中所占比例达 69.0％。在仅占 0.9％的其他方式中，学生多提到网络
（电脑、百度百科、网吧）、手机（手机短息、手机报）、参加活动（学校活
动、校外上课、社区活动、防灾演练等）和书、新闻以及经历灾害（海啸、
亲身经历）等也是学生灾害知识来源的方式（表 3-5）。

表 3-5　调查样本中初中生平时获得有关灾害的知识或信息的途径

知识来源	样本数	百分比
电视	5756	22.2％
广播	2403	9.3％
计算机网络	4006	15.4％
学校课程或老师	3470	13.4％
同学	1830	7.0％
家人亲朋	2519	9.7％
报纸杂志	3329	12.8％
课外读物	2419	9.3％
其他	242	0.9％
合计	25974	100.0％

综上，表明电视、网络、学校课程或老师、报纸杂志等传媒对初中生的
灾害知识获取有较高的作用，可通过传媒宣传来提高灾害知识的宣传普及度。
同时，初中生从参加活动、学校课程或老师、家长亲朋以及同学处获得灾害

知识的比例占 30.1%，表明初中生通过与他人交流获得的信息也较多，这不同于教师防灾素养调查结果。学校课程与教师应发挥更大作用，但学校课程及教师的作用弱于高中阶段，可能是由于初中阶段关于灾害内容较少所导致。

3.3.3.5 灾害经历

初中生灾害经历有效数据占 93.3%，其中 87.6% 的初中生有灾害经历。接受初中生防灾素养调查的学生所经历的灾害主要有台风、割伤、交通事故等，而洪涝、坠落、地震、火灾等灾害经历比例较低。经历台风灾害比例较高与问卷调查所选取的地域有一定的关系，从问卷调查结果也可以看出，人为原因（如割伤等）导致初中生经历灾害的比例也较高。卡方检验和单因素方差分析的结果均说明学生灾害经历与其防灾技能、态度得分以及总分之间存在相关关系，但防灾知识得分与灾害经历关系不大。这也说明了，初中生灾害经历可以提升其防灾技能与态度（表 3-6）。

表 3-6　调查样本中初中生灾害经历的情况

灾害经历	样本数	百分比
无	2475	22.4%
台风	2594	23.5%
地震	363	3.3%
洪涝	505	4.6%
泥石流	162	1.5%
滑坡	146	1.3%
火灾	348	3.2%
交通事故	1029	9.3%
坠落	377	3.4%
割伤	2600	23.5%
龙卷风	211	1.9%
其他	233	2.1%
合计	11043	100.0%

3.3.3.6 防灾演练参与次数

在目前服务学校期间，初中升曾经参加过的防灾演练次数集中在 0～3 次；次数越多，人数呈现递减的趋势。根据卡方独立检验结果，由于皮尔逊检验的显著性概率 $p = 0.000 < 0.05$，曾经参加防灾演练次数与知识维度得分之间有相关性；$p = 0.000 < 0.05$，曾经参加防灾演练次数与技能维度得分之间有相关性；$p = 0.000 < 0.05$，曾经参加防灾演练次数与态度维度得分之间

有相关性。参与演练次数情况均与其防灾知识、态度、技能得分显著相关，尤其可显著提高其防灾态度，但与素养得分关系不大（图3-27）。

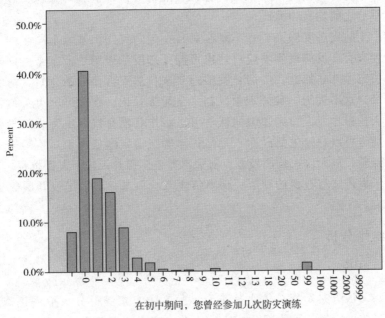

在初中期间，您曾经参加几次防灾演练

图3-27　初中生防灾演练参与次数统计图

初中生灾害教育知识维度、技能维度题目得分与学生所在地区、性别、年级和家长教育背景、个人灾害经历以及参加防灾演练次数有一定的关系。初中生普遍持有正向积极的灾害态度，有利于对初中生进行灾害教育。

3.3.3.7　小结

初中生防灾素养调查有7313人参与；性别比例基本持平；以低年级学生居多；学生家长最高学历主要集中在初中到大学阶段，家长的教育程度整体较高；电视、计算机网络、学校课程或老师、报纸杂志、课外读物等五种途径为初中生灾害知识主要来源途径；87.6％的初中生有灾害经历；学生基本都有参加过防灾演练的经历，但参加次数普遍较少。

3.3.4　结论与建议

现阶段，我国初中生防灾素养整体偏低，其中防灾态度较高，防灾技能、防灾知识偏低。女生防灾素养水平优于男生。防灾素养的知识、技能、态度三个维度之间都有相关性，但并不呈线性相关。防灾知识、防灾技能、防灾态度三者可相互促进，任一维度的缺失或不足都会造成防灾素养整体的低下。

初中生年级分布、性别差异与防灾知识维度得分之间没有相关性；与技能、态度维度得分之间有相关性。学生家长教育程度、学生灾害经历与其防灾素养知识、技能、态度三个维度的得分以及总分之间存在相关关系。但防灾知识得分与灾害经历关系不大。曾经参加防灾演练次数与知识、技能及态度维度得分之间均有相关性。

初中生防灾态度偏高，并不是在具备一定防灾知识基础上产生的，可能是对近期灾害多发的现实响应；这也可能是态度量表测量所带来的问题，实际中防灾态度并非如此，但结合我国近年来自然灾害多发的背景，防灾态度整体积极，这不失为一种好现象。初中生防灾知识、技能维度得分偏低，且差距不大值得思考。防灾知识的低下可以看作其没有接受灾害教育导致，而防灾技能等可以通过生活经验、记忆传承等获得，但是由于其年龄较小而缺少生活经验，故而防灾技能较低，防灾素养整体提升依赖于灾害教育。

为了促进灾害教育的开展、保障灾害教育效果，必须尽快开展灾害教育课程研究。

3.4 结论分析

3.4.1 结论

第一，从防灾素养总体水平来看，师生防灾素养得分水平成正态分布，总体水平较低。教师平均得分为 68.71 分，高中生平均分为 64.79 分，初中生平均得分为 60.35 分，得分有随着年龄递增的趋势；态度维度得分平均水平较高且分布最集中，防灾知识、技能维度得分较低。

第二，防灾知识、态度与技能与防灾素养均具有相关性，防灾素养与防灾态度中度相关，与防灾知识、技能高度相关。这可能是态度量表带来的问题，也可以理解为现阶段提升防灾素养应该在知识与技能维度上多下功夫。同时，与教师、高中生明显不同的是，初中生防灾素养仅与防灾知识高度相关，初中生防灾知识得分差别较大，这也可说明初中阶段是灾害教育开展的较好时期。

第三，分析防灾素养影响因素：

年级分布：教师调查可以发现，生活经历对素养水平有影响。高三学生防灾知识得分最高，高二最低；高三防灾技能得分最高；防灾态度得分没有显著差异。初中生防灾知识和防灾技能水平随着学生年级的升高而提升，防灾态度方面年级差异不明显，但高年级学生防灾态度依然略微优于低年级学生。高二下学期开设自然灾害与防治选修，调查在上学期进行，这说明此课程对防灾素养水平有一定影响，年龄与生活经验也对防灾素养高低有一定影响。

性别差异：教师素养得分存在性别差异。初、高中女生得分优于男生，尤其是初中阶段，主要表现在防灾技能得分差异，这提示今后灾害教育教学要多采用体验式教学方法。

家长学历：一般而言，初中家长学历越高，学生防灾素养水平越高；家长学历对高中生防灾素养水平影响不大；教师学历情况与其防灾技能、态度得分显著相关，与知识得分不显著相关；另外，教师素养得分与任教科目没关系，是否协助救灾有影响。

知识来源：高中生灾害知识主要来源有电视、学校教育、计算机、报纸杂志、课外读物等；电视、计算机网络、学校课程或老师、报纸杂志、课外读物等五种途径为初中生灾害知识主要来源途径；教师知识来源有电视、计算机、报纸等。目前来看，高中阶段的学校教育对学生防灾素养的提升效果明显，知识来源途径是否对防灾素养有影响还尚待研究。

灾害经历：初高中结论可知灾害经历主要影响防灾技能，也影响初中防灾态度，这不难理解；但对防灾知识影响较小，这可以理解为教育的缺失或者说"忌讳谈灾、井绳效应"。教师调查主要为影响防灾知识维度，教师已有一定生活经历与相关技能，灾害经历主要提高了其防灾知识。

防灾演练参与次数：主要对防灾态度提升有作用。按道理也应对其防灾技能有提升，可能是因为现阶段防灾演练不科学，效果难以保证；或者现阶段的防灾演练过于简单。

3.4.2　启示与建议

防灾素养可以通过两种途径获得，一是经验，二是教育。对无灾害经历的公民而言，无法通过身体感官接受灾害信息获得经验，但可经由媒体传播、教育等渠道获取灾害相关知识，改善防灾价值观，提高防灾素养。

综合来看，在初中阶段开展灾害教育最为合适，这是因为：防灾素养素养结论显示初中生防灾素养较低；初中生课业负担较轻，时间有保障；初中生年龄特点，容易学习提高；高中阶段已有选修课程（但修习学生较少，建议文理科都修习）。同时，国外研究文献也指出灾害教育始于小学阶段，在初中阶段深入。初中阶段对防灾态度的形成至关重要。

假设知识、态度与技能三个维度同等重要，课堂教学主要影响防灾知识；防灾演练影响防灾态度；灾害经历（体验式课外活动）主要影响防灾技能。这三个维度要适度补充，如课堂教学也要注重体验式、提升技能，情感共鸣、提高态度；防灾演练之后要进行总结、提升知识，不能儿戏、提高态度；体验式课外活动要注意提高知识与态度。

现阶段，防灾演练在中学已逐渐普及，灾害教育得到较高重视，如何科学合理的开发设计灾害教育课程、如何进行教学与评价还值得深入研究。同时，防灾知识、防灾技能与防灾态度三者的关系及其影响因素；年龄、性别差异对学生防灾素养形成及灾害教育效果影响；灾害经历对防灾知识、技能、态度的影响等问题这都值得深入研究。

4 调查结论与讨论

4.1 研究结论

综合国内外研究综述，加之调查研究可以发现：开展灾害教育有意义重大、已具有理论基础与合理性，应通过理论研究指引灾害教育实践，应该在幼儿园、小学开展，在初中阶段深入。研究结论主要分为以下四个部分：灾害教育实施现状调查结论；师生防灾素养调查分析结论；课程、教学、评价、培训研究结论；公众教育开展模式研究结论。

4.1.1 师生防灾素养调查

4.1.1.1 教师防灾素养

在所调查的教师中，30 岁以上未满 40 岁这个年龄段的教师人数最多，占了 38.4％；20 岁以上未满 30 岁年龄段与 40 岁以上未满 50 岁的年龄段的教师人数相差不大，分别占了 25.2％和 26.4％。50 岁以上未满 60 岁的年龄段的教师人数最少，只占了 5.6％，说明教师年龄结构较为合理，中年教师为主力。女性教师数量上占了明显的优势，超过男性教师数量的两倍。教师最高学历为本科学历的教师人数占了绝大多数，为 76.8％。专科学历的教师比研究生以上学历的教师人数上稍多，分别是 9.94％和 5.54％。在目前服务学校期间，教师曾经参加过的防灾演练次数集中在 0～3 次；次数越多，教师的人数呈现递减的趋势。经历过台风的教师数量占样本数的 34.6％，曾经协助救灾的教师比曾经未协助过救灾的教师稍多，二者的比例分别为 52.66％和 42.15％。电视是教师获得相关信息最普遍的一个途径，占教师样本数的 88.9％，其次是计算机网络，75.4％，报纸杂志 58.0％。

灾害意识与防灾素养是衡量一个国家或地区文明进步程度的一种标识。问卷采用 Spss16.0 分析，调查显示教师防灾素养（防灾素养＝防灾知识＋防灾技能＋防灾态度，也即 $L = K + S + A$）符合正态分布，平均得分为 68.71 分，优秀占 15.6％，不及格人数占 22.2％，可见教师的防灾素养整体处于较低水平，且尚有很大的提升空间。

现阶段，我国教师防灾素养整体偏低，其中防灾态度较高、防灾技能居中、防灾知识偏低。防灾素养的知识、技能、态度三个维度之间都有相关性，但并不呈线性相关。防灾知识、防灾技能、防灾态度三者可相互促进，任一维度的缺失或不足都会造成防灾素养整体的低下。

　　除年龄、工作年限与防灾知识维度得分不相关；经历灾种数目与防灾知识、技能维度得分不相关以外，其他各基本信息与各素养维度之间都相关。具体来说，教师防灾知识与其毕业专业院系、参加防灾演练次数、是否协助救灾有显著相关；教师防灾技能与其性别、年龄、工作年限、学历、参加防灾演练次数、是否协助救灾有显著相关；教师防灾态度与其性别、年龄、工作年限、学历、毕业专业院系、参加防灾演练次数、是否协助救灾有显著相关。换个视角看，性别差异主要影响防灾技能；年龄、工作年限、学历因素对防灾知识影响不大；毕业专业院系主要影响教师的防灾知识与态度。

　　教师防灾态度偏高，研究假设指出：我国灾害教育实施不尽如人意，是因为重视程度不够，态度不够积极，既然教师防灾态度积极，为什么未能积极开展灾害教育呢？结合灾害教育实施现状调查可知，教师明确其重要性，但是付诸行动较少，效果不佳，谓之"知行脱节"，可能是现实中制约灾害教育开展的诸多因素存在导致，也可能防灾态度不代表教师灾害教育意念，或者说其较少认同灾害教育价值，这些都需要进一步研究证明；这也可能是态度量表测量所带来的问题，实际中防灾态度并非如此，但结合我国近年来自然灾害多发的背景，公众整体防灾态度整体积极，这不失为一种好现象。教师防灾知识维度得分偏低，技能得分反而较其稍好值得思考。防灾知识的低下可以看作教师没有接受灾害教育导致，而防灾技能等可以通过生活经验、记忆传承等获得，防灾态度也可能随着灾害频发的现实认识不断增强，防灾素养整体提升依赖于灾害教育。

　　现阶段，防灾演练在中学已逐渐普及，灾害教育得到较高重视，师生防灾素养不高不能从"老三篇"中寻找诸如重视程度不高的原因，主要制约因素为师资培训、课程建设、教学研究、教学评价、长效机制与制度保障问题。同时值得注意的是尚有 13.6％的教师未曾参加过防灾演练，参加调查问卷的教师从一定程度上来说都是该地区较为优秀、工作条件较好的教师，由此我国广大落后地区、农村地区防灾演练开展情形可见一斑。由于灾害易损问题归根结底还是教育与经济发展程度问题，建议后续研究专门针对农村地区、落后地区的师生进行素养检测，提出对策以真正解决落后地区脆弱性较大、防灾素养不高的现实问题。同时，防灾知识、防灾技能与防灾态度三者的关系及其影响因素；教师性别差异对学生防灾素养形成及灾害教育效果影响；教师灾害经历对防灾知识、技能、态度的影响等问题这都值得进一步研究。

4.1.1.2　高中生防灾素养

　　在所调查的高中学生中，高三学生占总数的 36％；高二学生占总数的12％；高一人数占总人数的 52％；另外有 0.1％的学生未指明年级。从男女比例来看，调查样本中，女生人数占总数的 54.1％；而男生占总数的41.4％；另外有 4.5％未回答。家长的学历分布集中在本科、高中和初中部分，分别占到了总数的 29.9％、27.3％和 15.2％，三者总和超过了 60％，初中学历及以上的家长总数为 92.1％。

学生选择获得防灾知识的主要途径有电视、学校教育、计算机、报纸杂志、课外读物，广播的地位明显不如其他选项。仅有 32.7％的学生并没有任何的灾害经历，这与部分人为灾害纳入其中有关。学生参加防灾演练的次数主要集中在 0～3 次。

高中生防灾素养平均分为 64.79 分，最低分 0 分，最高分 100 分，标准方差为 12.28，防灾素养得分分散，态度维度得分平均水平较高且分布最集中，防灾知识、技能维度得分较低。

现阶段，我国高中生防灾素养整体偏低，其中防灾态度较高，防灾技能、防灾知识偏低。防灾素养的知识、技能、态度三个维度之间都有相关性，但并不呈线性相关。防灾知识、防灾技能、防灾态度三者可相互促进，任一维度的缺失或不足都会造成防灾素养整体的低下。防灾素养与其中大部分因素具有明显的相关性，并对其产生了一定的影响，因而在进一步对学生进行防灾素养教育中，必须对这些要素进行全面的考虑。防灾素养水平与学生所在地区、年级、性别、知识来源、防灾演练均具相关性，灾害经历仅与防灾技能水平有相关性、与防灾知识与态度水平无相关性，家庭背景与防灾素养水平无相关性。防灾演练在中学已逐渐普及，灾害教育得到较高重视，但尚存在一系列问题，如何开展灾害教学相关研究等问题亟待探讨。

4.1.1.3 初中生防灾素养

初中生防灾素养调查有 7313 人参与；性别比例基本持平；以低年级学生居多；学生家长最高学历主要集中在初中到大学阶段，家长的教育程度整体较高；电视、计算机网络、学校课程或老师、报纸杂志、课外读物等五种途径为初中生灾害知识主要来源途径；87.6％的初中生有灾害经历；学生基本都有参加过防灾演练的经历，但参加次数普遍较少。

防灾素养总得分中，学生所得平均分为 60.35 分，最高分为满分 100 分，最低分为 12 分，不及格占 48.7％，优秀占 5％。标准差为 11.929，得分非常分散。现阶段，我国初中生防灾素养整体偏低，其中防灾态度较高，防灾技能、防灾知识偏低。防灾素养的知识、技能、态度三个维度之间都有相关性，但并不呈线性相关。防灾知识、防灾技能、防灾态度三者可相互促进，任一维度的缺失或不足都会造成防灾素养整体的低下。

初中生防灾态度偏高，并不是在具备一定防灾知识基础上产生的，可能是对近期灾害多发的现实响应；这也可能是态度量表测量所带来的问题，实际中防灾态度并非如此，但结合我国近年来自然灾害多发的背景，防灾态度整体积极，这不失为一种好现象。初中生防灾知识、技能维度得分偏低，且差距不大值得思考。防灾知识的低下可以看作其没有接受灾害教育导致，而防灾技能等可以通过生活经验、记忆传承等获得，但是由于其年龄较小而欠缺生活经验，故而防灾技能较低，防灾素养整体提升依赖于灾害教育。

4.1.1.4　防灾素养内部结构及影响因素

师生性别、年龄、防灾演练参与次数、灾害经历、是否协助救灾等因素对其防灾素养具有影响。教师防灾素养得分高于高中生得分，初中生最低，可能说明随着年龄增长，防灾素养不断提升，证明了灾害教育的价值；其中防灾技能提升明显，也从另外一个方面说明了，灾害经历可能与灾害教育一道影响防灾素养的提升。

（1）从防灾素养总体水平来看，师生防灾素养得分水平成正态分布，总体水平较低。教师平均得分为 68.71 分，高中生平均分为 64.79 分，初中生平均得分为 60.35 分，得分有随着年龄递增的趋势；态度维度得分平均水平较高且分布最集中，防灾知识、技能维度得分较低。

（2）防灾知识、态度与技能与防灾素养均具有相关性，防灾素养与防灾态度中度相关，与防灾知识、技能高度相关。这可能是态度量表带来的问题，也可以理解为现阶段提升防灾素养应该在知识与技能维度上多下功夫。同时，与教师、高中生明显不同的是，初中生防灾素养仅与防灾知识高度相关，初中生防灾知识得分差别较大，这也可说明初中阶段是灾害教育开展的较好时期。

（3）防灾素养影响因素分析。

年级分布：教师调查可以发现，生活经历对素养水平有影响。高三学生防灾知识得分最高，高二最低；高三防灾技能得分最高；防灾态度得分没有显著差异。初中生防灾知识和防灾技能水平随着学生年级的升高而提升，防灾态度方面年级差异不明显，但高年级学生防灾态度依然略微优于低年级学生。高二下学期开设自然灾害与防治选修，调查在上学期进行，这说明此课程对防灾素养水平有一定影响，年龄与生活经验也对防灾素养高低有一定影响。

性别差异：教师素养得分存在性别差异。初、高中女生得分优于男生，尤其是初中阶段，主要表现在防灾技能得分差异，这提示今后灾害教育教学要多采用体验式教学方法。

家长学历：一般而言，初中家长学历越高，学生防灾素养水平越高；家长学历对高中生防灾素养水平影响不大；教师学历情况与其防灾技能、态度得分显著相关，与知识得分不显著相关；另外，教师素养得分与任教科目没关系，是否协助救灾有影响。

知识来源：高中生灾害知识主要来源有电视、学校教育、计算机、报纸杂志、课外读物等；电视、计算机网络、学校课程或老师、报纸杂志、课外读物等五种途径为初中生灾害知识主要来源途径；教师知识来源有电视、计算机、报纸等。目前来看，高中阶段的学校教育对学生防灾素养的提升效果明显，知识来源途径是否对防灾素养有影响还尚待研究。

灾害经历：初高中结论可知灾害经历主要影响防灾技能，也影响初中防灾态度，这不难理解；但对防灾知识影响较小，这可以理解为教育的缺失或者说"忌讳谈灾、井绳效应"。教师调查主要为影响防灾知识维度，教师已有一定生活经历与相关技能，灾害经历主要提高了其防灾知识。

防灾演练参与次数：主要对防灾态度提升有作用。按道理也应对其防灾技能有提升，可能是因为现阶段防灾演练不科学，效果难以保证；或者现阶段的防灾演练过于简单。

防灾素养可以通过两种途径获得，一是经验，二是教育。对无灾害经历的公民而言，无法通过身体感官接受灾害信息获得经验，但可经由媒体传播、教育等渠道获取灾害相关知识，改善防灾价值观，提高防灾素养。

综合来看，在初中阶段开展灾害教育最为合适，这是因为：防灾素养素养结论显示初中生防灾素养较低；初中生课业负担较轻，时间有保障；初中生年龄特点，容易学习提高；高中阶段已有选修课程（但修习学生较少，建议文理科都修习）。同时，国外研究文献也指出灾害教育始于小学阶段，在初中阶段深入。初中阶段对防灾态度的形成至关重要。

假设知识、态度与技能三个维度同等重要，课堂教学主要影响防灾知识；防灾演练影响防灾态度；灾害经历（体验式课外活动）主要影响防灾技能。这三个维度要适度补充，如课堂教学也要注重体验式、提升技能，情感共鸣、提高态度；防灾演练之后要进行总结、提升知识，不能儿戏、提高态度；体验式课外活动要注意提高知识与态度。

现阶段，防灾演练在中学已逐渐普及，灾害教育得到较高重视，如何科学合理的开发设计灾害教育课程、如何进行教学与评价还值得深入研究。同时，防灾知识、防灾技能与防灾态度三者的关系及其影响因素；年龄、性别差异对学生防灾素养形成及灾害教育效果影响；灾害经历对防灾知识、技能、态度的影响等问题这都值得深入研究。

4.1.2　灾害教育教学

灾害教育实施现状调查结果可以发现，现阶段灾害教育课程比较缺乏，一些教材编撰大多没有基于研究，缺乏科学依据。关于课程目标构建，可通过国际比较、案例研究、相关文件、教师调查获取；关于课程内容选择，要求源于生活，重视灾害记忆的传承，分析学科发展、社会要求、及学生需求；关于课程编制方法，按照课程编制模式、原则、流程构建开放的灾害教育课程体系；关于课程评价标准，针对现阶段教材质量参差不一的情况，灾害教育课程评价亟待深入研究，必须重视课程评价，使其不断完善发展。

　　在借鉴与问卷调查的基础上，提出灾害教育开展策略。如课程设置上渗透式为主；教学设计应该本着"以人为本，关注态度，提高技能，全面发展"；采用体验式学习等多种方法；"综合渗透，主体探究，体验教学，活动强化"的教学方法原则；"源于生活，来自区域，社区联动，开放体系"的教学资源开发原则等方面。除进行灾害教育教学策略研究之外，评价和师资培训也十分重要。现阶段灾害教育框架体系与长效机制的构建在更形成依赖于后者。

　　灾害教育评价的主体可以为专家学者、教育者、受教育者；评价内容主要为灾害教育课程与教学、防灾计划、防灾素养水平；评价方法主要为指标法、素养检测、观察法等。评价应注重发展性评价、多种评价方法的结合，共同促进灾害教育的开展。实践措施可通过国家层面推动素养监测、纳入安全标准、纳入培训考核、加强高考考查、开展课题研究、实行奖励政策、开展防灾竞赛，在地方层面开展督查、学校层面开展自评进行评价。理论评价结合实践评价，采取国家、地方和学校不同层面的措施。

　　为了促进灾害教育的开展、保障灾害教育效果，必须尽快通过教师培训等措施提高教师防灾素养。关于课程内容，灾害教育教师培训课程需要包括理论课程，还需要加大实践课程的力度等；关于提供主体，教育主管部门应该尽早组织教师培训，也可以联合其他部门共同开展，大学等科研机构也应该积极参与其中；关于开展方式，培训、专家讲座、防灾演练等都是较好的灾害教育师资培训形式。重视防灾技能训练与防灾知识获取，此外，还得重视灾害经历的传承、体验式教学方式的运用。关注落后地区，关注脆弱性；关于教师资质，为了确保教师开展灾害教育的能力与效果，应在教师资格证考试引入对此部分的考查，或单独增设灾害教育教师资格，划分级别进行认定。关于效果评价，可以通过防灾素养监测进行效果评价，也可以通过其他发展性评价方法，以此保障培训效果，促进灾害教育培训的可持续发展。

4.1.3　公众教育开展模式

　　研究选择不同公众灾害教育实施主体分析其在提高公民防灾素养的作用，以明确公众灾害教育的开展方向。媒体、NGO 的角色与作用需要进一步深入研究，大众的消息来源主要来自于媒体，媒体对突发灾害事件的报道方式、报道内容、报道视角都至关重要并值得研究。灾害遗址、灾害纪念公园是重要的社会灾害教育场所，防灾纪念馆等场所要使用恰当的教育方式与方法，解说是该场所进行灾害教育的手段之一。政府部门应该统一协作，明确责任，如地震局开展防震减灾科普示范学校建设活动，通过由上而下的形式，提高学生防灾素养，之后向社会公众传递。学会组织应该通过学术交流，开展基于研究的灾害教育。NGO 在公民社会建设过程中意义重大，与基于社区的公众灾害教育开展模式尚需进一步研究。总之，公众灾害教育实施主体应该统一协作，形成合理结构，发挥更大的功能，通过教育减轻灾害所带来的影响。如开展全民防灾周运动，开展以社区为单元的公众教育，使民众形成"自助为主，共助为辅，公助为补"的意识，自力更生，在灾害来临时最大程度保护自己的生命，共同促进公众灾害教育的开展，提高全民防灾素养。

4.2 创新点、研究限制与后续研究建议

4.2.1 创新点

首次全国范围大规模的防灾素养调查；探索公众灾害教育开展模式。填补学科研究空白，引领国际先进学科发展。既可作为政策咨询资料，又可作为学术研究参考。

创新之处：深化理论研究，促进灾害教育的实践，为制定灾害教育政策、开展灾害教育提出建议。研究内容的创新：不仅对师生防灾素养进行了监测，还对公众灾害教育开展模式进行了探讨；不仅关注灾害教育理论研究进展，还关注实践研究。研究方法的创新：把问卷调查、访谈、案例研究等研究方法引入灾害教育研究，促进了灾害教育由宏观到中观、微观的深入。研究时空的创新：既有国际比较，以具国际视野，又有本土情怀，全国范围内大规模的调查研究，以了解本土实际。

4.2.2 研究限制

4.2.2.1 研究时空

仅选取全国代表性区域，未纳入全国各省市，样本选取上难免有所偏差，但是能从一定程度反映全国师生防灾素养的真实水平。

4.2.2.2 研究方法

研究较多运用访谈等质性研究、问卷等量化与访谈、观察等研究方法，未纳入行动研究。对灾害教育教学策略的考虑可能不全面、完善。对师生真实防灾素养理解可能有所偏差。

4.2.2.3 研究结果分析的限制

不同的国家制度、文化体系、灾害背景、政策背景影响了国际比较、对比分析的效果。如日本多火山、地震等自然灾害，如此自然背景下，形成了独特的防灾文化，国民重视灾害教育的开展，所以国民防减灾素养很高，不能一概而论为教育的作用，比较分析需要纳入文化背景考虑。

4.2.3 后续研究建议

深入开展灾害教育理论与实践研究，继续开展防灾素养检测，弄清楚防

灾知识、防灾技能与防灾态度三者的关系及其影响因素；性别差异对学生防灾素养形成及灾害教育效果影响；灾害经历对防灾知识、技能、态度的影响等问题这都值得进一步研究。深入开展学校防灾计划编撰系统研发，确保各项工作有据可依。深化灾害教育课程、教学与评价研究，后续研究需要解决各学习科目能力指标与防灾素养指标的关系，灾害教育内容可融入各学习科目能力指标部分。积极开展师资培训。继续开展公众灾害教育开展模式研究，厘清诸多问题，如期刊媒体如何进行灾害教育传播、如何以社区为基本单元开展灾害教育。

下篇　实践篇

5 学校灾害教育教学、评价及师资培训

鉴于指导灾害教育教学实践的需要，应尽早开展灾害教育教学研究，本章对其深入研究。具体包括灾害教育教学策略、评价标准及师资培训研究。

5.1 灾害教育教学策略提出背景

关于教学设计：灾害教育不同于一般的知识教育，主要不是追求认知目标的达成，不仅是关于知识的教育。在高风险的现代社会中，具有较高的防灾素养与风险意识非常重要。教学设计应该本着"以人为本，关注态度，提高技能，全面发展"的思想注重提高受教育者的防灾技能、知识及态度，在此基础上通过认知目标的实现来促进学生心理机能的完善和行为的规范，做到面临灾害时临危不乱。

关于教学方法：研究表明，学生防灾技能与灾害经历密切相关，防灾演练对提高防灾素养意义重大，这提示我们应积极开展"体验式学习"，联系社区教育资源，开展灾害教育教学活动。通过课堂与课外活动相结合，老师讲解与学生演练相结合，理解知识与实践探究相结合，实行课堂教育与现场教育相结合，正规教育和非正规教育相结合，加强灾害知识与实践技能的融合等，整合不同学科资源，综合渗透且开设选修课。完善灾害教育数字化资源库，开发设计灾害该教育教学资源。灾害教育的教学策略应该是"综合渗透，主体探究，体验教学，活动强化"。通过以上努力使灾害教育落到实处。

关于教学资源与评价：学校灾害教育教学资源的内容可以是乡土化的，即来源于区域，重视区域灾害，形式上可以通过校本课程表现出来，即"源于生活，来自区域，社区联动，开放体系"原则。从地理学科入手，我们不但要充分利用地理教材中的灾害知识，还要充分运用校内校外的各种课程资源（灾害教育类场馆、遗址地等），形成学校、家庭、社会密切联系的开放性教学体系。教学评价可以依靠防灾素养监测，但更应该重视发展性评价，不断完善评价体系，促进学生全面、自由发展。

5.1.1 日本兵库县的防灾教育特色及其启示

日本是地震多发国家，但日本在历次影响较大的地震中遇难人数却相对较少，中小学学生的伤亡数也较少，这是为什么呢？日本为什么能将"地震大国"变为"减灾强国"？原因是多方面的，除了人们常说的政府支持、防灾财政预算

充足与日本地震预警系统先进之外，日本中小学之所以能将地震灾害的影响减少到最低，与其科学规划、系统开展灾害教育不无关系，让我们来看看兵库县（类似我国省级行政区）的案例，借鉴一些经验，也消除一些误解。

在阪神·淡路地震时，为了支持灾区教育重建工作，日本教育系统于2000年成立了"地震·学校支持团队（EARTH）"，其成员具备专业知识和实践应对能力，以便当其他地区发生灾害需要支援时，能够及时地提供支持，开展受灾地区的教育重建工作。EARTH是由兵库县内公立学校的教谕（中小学正式教师的职称）、保健教师、职员、学校营养职员、生活顾问等构成，分别划分为"避难场所运营班""心理辅导班""学校教育班""学校伙食班""研究·计划班"等5个分队。迄今为止，该支队先后前往北海道有珠火山爆发、鸟取县西部地震、新潟县中越地震等国内灾害现场以及印度洋海啸受灾地，对学校重建、学校避难场所的运营、学生的心理辅导等进行了支持。在这些活动的基础上，平时通过县内外防灾教育研修会、演讲、指导帮助等活动，努力促进各地区防灾体制的完善，推进各学校的防灾教育。

日本阪神·淡路大地震发生后，兵库县开展了"全新防灾教育"系列活动。所谓"全新防灾教育"旨在提高学生防灾素养，在灾害中的自我保护和应对灾害的能力，并在传统安全教育的基础上，培养学生的互助意识以及志愿者精神。该教育是旨在培养学生具备人类基本道德修养，同时致力于受灾儿童心灵康复的教育。

5.1.2　全新防灾教育推进计划

阪神地震后，日本中央及地方政府制定了为期十年的复兴计划，基本理念为建设"人与自然，人与人，人与社会和谐"的"社会"。"复兴十年委员会"的工作秉承了"全新防灾教育"的理念，力图充实"兵库的防灾教育"。全新教育推进计划旨在使公民能够根据本地区的特点，提高应对地震等各种灾害的实践能力，在灾害中可以实现"自救"，同时也要培养大家互相帮助以及志愿者的精神，为建设安全、安心社会贡献自己的力量。

全新防灾教育十年的实践，主要关注情感态度价值观、知识、技能三个层面目标的落实，有如下特点，一是注重人类的存在和生活方式，培养学生尊重生命。注重人与人的交流；积极参加志愿者活动；渗透多为他人着想的教育理念。二是加深对科学的理解，学习自然环境、社会环境与防灾的关系。学习自然灾害的种类和发生原理；了解地区灾害历史和相应对策；研究今后的防灾体制。三是掌握防灾技能。学习灾害时的自救方法；学习应急处理方法和心脏复苏方法；掌握求生技能；掌握家具固定以及其他防灾准备等技能。

该计划提出，防灾教育要根据学生的不同年龄阶段、心理特征、学校的实际情况以及地区的特点来制定具体的指导内容，通过多种形式来推进整个规划的实施。因此，各个学校要在指导内容的基础上，确立各自的防灾教育推进计划，丰富指导内容，使每一个学生具备适应灾害的能力。

此计划实施的目的在于：①完善和充实防灾体制。明确教职员工的作用，加强家庭、地区以及相关机构之间的合作；提高发生灾害时的危机管理能力，完善灾害应对手册；日常的安全管理以及避难通道的检查。②推进兵库县的防灾教育。通过广泛开展教育活动推进防灾教育；根据学生个人情况采取不同的心理辅导方法；和地区联合开展高效的防灾演练。③提高指挥能力和实践能力。提高教职员工的防灾能力和应急处理能力；充实防灾体制、防灾教育和心理辅导等校内研修活动；相关防灾教育的指导方法和内容调查与研究。

以初中防灾教育推进计划为例，主要内容为根据学生的实际情况、教育目标、防灾教育的目标以及地区的特点，分析灾害在自然方面和社会方面的主要原因、思考今后的防灾计划；提高在灾害中自我保护的能力和素质；启发学生思考人类应有的存在方式和生活方式，培养学生热爱生命、尊重生命，多为他人考虑，互相帮助以及服务社会的精神（表5-1）。

表 5-1　　初中各年级防灾教育目标

一年级	二年级	三年级
· 使学生对获得的生命存有感激和感谢之情，思考人类的未来 · 使学生具有责任感，能够作为家庭以及社会的一员，为了提高社会生活水平而努力 · 普及自然灾害知识，要紧抓本地区的特点，提高防灾意识，做好准备工作	· 通过深刻体会受灾群众由于灾害和事故所带来的伤痛，体会生命的可贵，学会尊重生命 · 理解志愿精神，养成积极参与志愿者等活动的态度 · 了解本地区灾害特点，学习总结灾害预防的经验和教训，完善地区防灾体制	· 使学生认识到生活当中宽容和体贴的重要性，培养学生为公益事业献身的精神 · 理解灾害发生的机理，关心环境改善问题，创造一个良好、安全、舒适的生活环境 · 充分理解学校在灾害发生时的作用，思考学校和社区居民之间的关系
· 在灾害来临时具备正确判断周围状况并安全避险的能力		
· 掌握灾害来临时的应急处理方法，明确其意义		

通过学校传统教学科目、道德、特别活动以及综合学习时间等多种途径开展灾害教育，各有所侧重。如传统教育科目主要培养学生科学的思考能力和判断能力；了解灾害机理，地区的灾害特征，地区间支援以及防灾体制等

知识；提高防灾意识；培养志愿者精神；掌握应急处置方法。

道德：培养学生尊重生命，树立公平、平等，文化多样性等意识；培养学生的志愿者精神以及宽容、体贴的美德；学会交朋友。

特别活动：培养学生在日常准备方面、灾害时保护自身安全以及正确判断和采取行动的实践能力；互相合作，培养独立克服困难的意志和实践能力；培养自主性和志愿者精神。

综合学习时间：培养志愿者精神和实践等态度的培养；学习地区灾害的历史和防灾体制，培养学生主动思考如何构建安全、安心城市等问题。

除此之外，与我国一样，"通过教育一个孩子、影响一个家庭、辐射一个社区"的做法相类似，日本也比较注重家庭防灾教育，通过家庭防灾会议的形式，关注提高防灾意识；灾害的准备——防止家具等的倾倒、准备防灾包；培养志愿者精神等。

社区防灾教育以志愿者参与等各种体验活动、结合具体情境而开展；通过和地区合作开展防灾训练等方式培养学生的防灾能力；召开包括区域防灾规划、自主防灾组织、消防署、消防团等相关人员参加的防灾教育推进联络会议等形式开展防灾教育。

教育实践引领者认为，仅仅开设一门特别课程，还不能够使学生全面掌握防灾技能。这提示我们，防灾教育要深入骨髓、融入血液，要创新方法，合理设计活动，不断探索。

因此，兵库县教育委员会计划将防灾内容渗透到各个科目中，将道德教育、特别活动、综合学习时间的内容联系起来，推进防灾教育。同时，还要通过实践对学校的教育效果进行反复地评价和检验，并将经验教训应用于此后的指导规划当中。

我们可以看到，在制定防灾教育指导规划时，有必要从"学习指导要领"中整理出防灾教育相关的指导内容作为参考。同时，在此基础上，明确防灾教育的目标，全面把握课外读物的内容也是十分重要。值得一提的是，灾害教育应该多学科协力，多途径开展，不要局限于学校内部。

5.1.2.1 《走近幸福吧——从阪神·淡路大震灾中学习》地方教材介绍

2010年作者在京大访问研究期间，对神户大学林大造研究员进行了访谈，其关注灾害教育教材研究，并详细介绍了神户教育委员会为纪念阪神大地震而制作的灾害教育教材《走近幸福吧——从阪神·淡路大震灾中学习》的项目由来、编写思路、基本理念、使用范围等问题，对我国开展此类教材的编写具有一定的借鉴意义（表5-2）。

表 5-2　《走近幸福吧——从阪神·淡路大震灾中学习》教材目录

出现过这样的事情	01 过去一闪而现之时
	02 与金桂一同（凋落）
	03 思考生命
	04 我们的城市——神户
	05 停止的生命线
	06 寻求生活情报
	07 严酷的避难生活
保护生命	08 与震灾作战
	09 神户为什么会发生大地震
	10 近来的风灾和水灾
	11 日本自然灾害的历史
	12 预想的大地震
	13 开家庭防灾会议
	14 重新鉴定住宅安全
	15 先保护自身安全，再考虑如果是你该怎么办
	16 着火了！
	17 紧急情况下的应急措施
	18 制作地区安全地图
	19 遇到这种情况怎么办？
	20 不要忽视大自然的暗示
共同生存	21 Scott is dead.
	22 See you again!
	23 炒面的味道
	24 小爱的志愿者日记
	25 与一位妇人的相遇
	26 倾听受灾地区的抱怨
	27 心灵护理
	28 与本地区人民一起建立自主防灾组织
	29 建设擅于抵御灾害的城市
	30 震灾对于外国人而言
	31 我们都是地球大家庭的成员
	32 为了走近幸福

　　林研究员认为，此教材最大的特点是图文并茂，具体来说，以图像的形式导入具有震撼效果，且不乏新意。如第一页是星空图，第二页是地震发生的时刻表，第三页是地震后的惨状景观图，第四页是地图与地震被害人数。图像十分直观地表现了地震的危害及损失，其打破了夜空的宁静与酣睡的人

们，使其无家可归。接着分"出现过这样的事情""保护生命"及"共同生存"三部分介绍了地震的损失及灾后生活；同时介绍地震机理、灾害史及如何预防；国外地震及次生灾害等问题。最后以一首歌曲的歌词结尾，用来缅怀地震中逝去的生命，该教材符合学生心理发展及年龄特点，内容较为合理。

另外，此教材配有光盘。教材基于传承灾害记忆的理念，学习对生活有用的知识。教材在关注防灾知识的同时，较多地关注防灾态度的养成、防灾技能的培养，这些都值得我们借鉴。灾难让人更加成熟，更懂得生命的意义。值得注意的是，此教材类似我国"三级课程体系"中的地方教材，并非全国推广使用。

值得一提的是，北京市地震局组织相关人员编写了一套防灾减灾教材（面向中小学生），并开展了系列培训、调查等活动，通过研讨、项目总结以及参观国家地震搜救基地等活动，希望推动学校灾害教育，提高师生防灾素养。

目前，国内灾害教育读本、教材并非缺乏，反而觉得有泛滥之态势，我们应该编写高质量的教材，多出精品，漫画、网络游戏、电子教材等新形式都应该积极纳入，同时，勿让灾害教育教材也成为一种"灾难"！同时我们应积极关注落后地区、关注脆弱性，丰富其教育资源，如通过多提供培训名额等方式实现。

5.1.2.2 兵库县舞子高中的教育活动

发生阪神·淡路大地震后，为实现学校复课、做好儿童与学生的心理护理，兵库县教育委员会投入了全部力量，并且采取、实施了各种政策措施，如构建教职员工互助体制、设立重建委员会等。兵库县创造出了独一无二的、珍惜生命、关怀体谅他人、互相帮助为核心内容的"新型防灾教育"。在震后第五年，即 2000 年，决定在兵库县立舞子高中设置环境防灾科，探索这种"新型防灾教育"在高级中学中的开展模式。经过了两年准备，于 2002 年 4 月，在全日本范围内首次开设了防灾专门学科，定员 40 人。每学年开一个班，3 个学年 3 个班共 120 人，对防灾专门学科进行了学习。虽然这在全日本尚无前例，但在众多防灾相关人士的支持下，这一学科自开设已走过了十余载。

环境防灾科在开展教育活动时，考虑如下因素：引发学生的强烈兴趣，不但通过教室里的学习，还要通过亲身体验进行学习，不仅通过被动的学习、而且通过主动的活动提高学习效果等等，以丰富多样的教学方法展开教学活动。如聘请大量外来讲师授课、校外学习、调查学习与讨论、国际交流、信息发布、志愿者活动等。仅以校外学习为例，对于地震灾害学习而言，参访人与防灾未来中心与野岛断层保护馆必不可少；参观人与自然博物馆，进行六甲山实地考察；神户市消防学校的体验活动、步行考察长田街也带给孩子们珍贵的体验。一年级学生在开始学习地震灾害的第一学期时便参观了这些设施，通过展示和讲述结合自身体验的学习地震灾害事实、地震损失、援助、地震机制、地震教训等知识。第二学期后半期，在地震灾害学习中加入了阪神大水灾等知识，将学习的知识内容扩大到区域性灾害。从自然环境与社会环境两方面对这些灾害进行学习。作为学习总结，这些参观、访问型的学习，包括事前预备学习与事后巩固学习（撰写报告）两个组成部分。

国内媒体曾多次报道了舞子高中的防灾教育开展情况，但是需要值得注意的是，此高中类似我国的专门职业高中，我国普通高中根本无法、也无必要按此标准开展防灾教育，灾害频发地区的中学可以通过开展特色学校建设等形式加以借鉴。

目前，我国缺乏系统、科学、有规划且具有长效机制的防灾教育，社会大众并非缺乏灾害教育，而是缺乏"持之以恒"的灾害教育，这需要我们反思并有所作为，灾害教育是可以救命的，希望通过我们的努力，不断实现"知识守护生命"。

5.1.3 调查结论

在 2010 及 2011 年地理教师国培项目实施之时，研究者对参与培训的 200 名、40 名老师做了相关问卷调查，把与教学途径与策略部分放入此处分析，如下。

您在平时教学中是通过何种方式实现灾害教育目标的？（2010 国培，200 样本）教师经常采取的教学途径与策略有：演示（多媒体）、介绍；教学中渗透，进行专题性学习；图片展示、多媒体演示、报纸报道等；结合时事与教材来实现教育；从新闻热点中选材或根据教材内容向学生介绍灾害成因，避免灾害措施及灾害后的救助；融入教材中相应内容，形成有针对性专门条例；引导课本出现的重点讲一讲，结合社会搞的灾害教育讲讲；视频资料；小活动；利用课本讲到的，结合当地进行灾害教育；举事例、讲危害，造成的损失，如何来防灾减灾；渗透在课堂教学中，进行专题讲座，配合上级和学校进行教育和演练；文字介绍、视频播放、情景体验、游戏活动；只要涉及到人与自然环境的各类问题都要适当引入，让学生结合本地区易发灾害联系认识；分组探究；时事引入、有效灌输，认识生活中发生的。以教材为依托、合理设计、采用符合学生年龄、实际、兴趣爱好的方法，让学生充分认识灾害、获得灾害有效的灾害预防教育；潜移默化、警钟长鸣等。（仅选择代表性观点）

您打算今后在教学中如何开展灾害教育？（2011 国培）教师经常采取的教学途径与策略有：有意识随文教学；可列相关专题渗入课堂教学；继续坚持各种形式的教育；多搜集相关资料，开展讲座、手抄报等方式。宣传、让学生自制板报；开展、专题讲座、手抄报比赛；与生活有关、有生命有关；所涉及灾害教育的力度不够、没有；搜集更多资料、系统安排课时；结合教材对学生进行灾害教育；利用网络资料、有事实说话；进行地理探究活动、学生在课下收集资料、讨论，增加防灾、减灾、避灾意识；做专栏、演练、征集学生逃生自救新方法；结合课本内容、拓展加深、利用网络、幻灯片解释说明各灾害给我们的生活带来的危害，以引起同学们关注，再进一步演练，如防震、防火；灾害教育贯穿于各区域的教学中，可让学生写报告；课堂渗透、让学生查阅资料，防灾模拟等；配合教材、适当补充，重视当地常见的自然灾害的教育，主要是防灾减灾的办法；多余相关的学科联手开展一些活动；还是老路子，与教学内容相配合，但在教学时间上会倾斜一些；用事实说话，多了解这方面信息，给学生拿来加以分析，判断并且重要的是能够抵御灾害、加强防御灾害的能力。

综上所述，教师认为比较合适开展灾害教育的途径有：①学科教学渗透，如地理学教学中，要结合教学内容，关注社会热点，采取多种教学方法，学生关注灾害问题，提高防灾知识与态度。②开展防灾演习，提高应对灾害的能力，提高防灾技能。③开展探究学习等课外活动，通过学生自主参与，提高防灾素养。

研究者认为，灾害教育应通过课堂及课外活动相结合，老师讲解与学生演练相结合，理解知识与实践探究相结合，实行课堂教育与现场教育相结合，正规教育和非正规教育相结合，加强灾害理解知识与实践技能的融合等，使灾害教育落到实处。

在学校教育中开展灾害教育，应根据国家颁布的课程计划，合理地安排好各学科的教学进度，将灾害教育融合到相应的课程计划和教学中，我国当前新课程改革所实施的课程计划，操作的灵活度很大，这给灾害教育的实施提供了很大的空间。目前我国灾害教育主要通过正规学校教育进行。地理中都涉及相应类型的自然灾害，并阐述自然灾害的形成机理、产生的危害和预防措施。在高中地理必修Ⅰ第四章自然环境对人类活动的影响第四节《自然灾害对人类的危害》必修模块和《自然灾害与防治》选修模块为基础条件综合渗透的策略方式。在初中地理和小学科学课程中都加以分层次实施，并遵循"综合渗透、主体探究、活动强化、全面发展"教学原则。

5.2 如何给学生进行灾害教育？

5.2.1 反思灾害教育中的错误认识

灾害教育可以从一定程度解决公民灾害意识、防灾素养存在的一系列问题，提高其防灾减灾能力。从某个程度说灾害教育是可以"救命"的。因此，灾害教育与政策法律法规保障、防灾减灾科技支撑、建筑质量安全、灾害救援救助等要素一起构建起完备的防灾减灾体系。

在灾害教育的实施过程中，总有一些错误的认识存在。因此，我们应该反思一下灾害教育的目的、方法、形式与实施策略。

5.2.1.1 注重认识目标，忽视行为矫正

"国际减轻自然灾害十年"中指出："教育是减轻灾害计划的中心，知识

是减轻灾害成败的关键"。但灾害教育不同于一般的知识教育，主要不是追求认知目标的达成，而是通过认知目标的实现来促进学生心理机能的完善和行为的规范，以正确看待灾害，在灾害发生时采取正确的行为与措施。单纯给学生灌输防灾知识无法达成灾害教育的目标，必须在转变防灾态度、促进防灾技能的学习方面多作努力。

5.2.1.2　缺少学科整合，欠缺教学资源

有关灾害教育的学科之间缺少必要的整合；学校有关灾害教育主要学科有地理、生物、体育健康、物理、化学、技术等。课程资源可以分为隐性的和显性的课程。当前课程资源的开发设计中不注重隐性课程和社区联系；我国很多领导与教师认为，灾害教育从属于安全教育，因此是德育工作的一种。也有很多教师认为灾害教育仅是地理课与地理老师的责任。这实际上就与灾害教育原本所期待的"灾害教育需要通过各个学科来综合渗透实施"的愿望出现了背离。事实上，灾害教育是所有教师都应该参与的。另外，当前课程资源的开发设计中没有注重社区的教育教学资源开发（如灾害遗址、防灾主题公园等），更谈不上应用于教学中。

5.2.1.3　教学方式单一，忽略防灾演练

教学模式单一，不适应于灾害教育的特点。但目前学校灾害教育教学中教师讲解的教学方式占支配地位；这样显然不符合灾害教育的特点，也难以达到灾害教育的要求。在教学中应该应用多种教学方式，在进行教学资源开发设计的时候还要研究教学策略的运用。教学评价也存在一些问题：评价以认知为主等；发展性评价和终结性评价相结合等。如开展档案袋评价。

防灾演练是灾害教育的重要一环，是知识向能力转化的重要环节，因此应该多增加体验式、探究式学习与防灾减灾演练。当然，同时，防灾演练也不仅仅是发出警报、模拟逃离这么简单，一定要科学地编制学校防灾计划并组织实施。

5.2.2　传播减灾知识要从学校做起

灾害教育是由学校、社会、家庭三个维度构成的。其中，学校灾害教育应该首先发展，因为学生可以向家庭和社会传播防灾减灾知识、能力，进而提高整个社会的灾害意识与防灾素养。

对学校而言，应当以增强灾害意识、提高防灾素养为核心，与社区联合开拓教育资源，不断优化灾害教育的内容和形式，进一步完善灾害教育课程体系。例如开发网络课程、开展灾害教育游戏活动等。要努力实现灾害教育教学方式、模式的多样化，将课堂学习与课外活动相结合，重视灾害演练。教学中也应以探究式教学、体验式教学为主，提高学生参与度与兴趣，从而保证教育效果。同时，成立培训专家团队，开展国际交流合作，着力提高教师的灾害意识与防灾素养。

另外，无论是从防灾减灾的专门性法律，还是教育方面的法律规章，国

家都应将开展灾害教育的内容纳入其中，以法律强制的方式确保灾害教育的实施效果。同时，也应尽早出台防灾减灾教育纲要，构建灾害教育目标体系，促进灾害教育发展。

具体来说：

（1）整合不同学科资源，综合渗透且开设选修课；积极通过灾害教育校本课程建设开展灾害教育教学实践，贯彻"学习对生活有用的知识"的理念。注重对学生防灾技能、态度的培养，改变之前过度强调防灾知识的意识。

（2）灾害教育的教学策略应该是"综合渗透，主体探究，活动强化，全面发展"。灾害教育教学应按照"掌握知识－获得能力－培养态度"的程序，循序渐进开展教学设计及教学。通过案例教学、实践体验、探究等方法促进学生学习兴趣，学生正确看待灾害现实及影响，保障教学效果。

（3）完善灾害教育数字化资源库，开发设计灾害教育教学资源。通过形成性评价，促进学生全面、可持续的发展。

总之，减灾从学校开始。学校是灾害教育开展最适合的地方，学校教育比较系统和正规，学生是易受灾人群，学生能把灾害意识向家庭与社区扩散，从而提高全民的灾害意识。教学设计、活动实践过程中需要关注儿童的年龄与心理特点。

5.2.3　创新灾害教育教学策略方法

教师进行教学设计时，要不断反思灾害教育中之前的错误认识，充分肯定学校教育在防灾减灾工作中的重要作用与意义，不断探讨灾害教育教学策略与方法。

（1）充分认识文化层面上的灾害教育差异问题。如中日灾害教育有所差异，不能归结为经济发展程度所致，还需要分析不同的灾害背景及防灾文化差异，我国传统文化避讳谈及灾害等问题，觉得晦气、倒霉，这些都是以扬弃的态度加以把握。我们相信，通过一系列的努力，我们也可以把灾害教育做得很好，全社会也可以形成积极的防灾文化。

（2）教师应充分注意活动课类型与内容比例问题。灾害教育不能游戏化，但也不能教条化，主要通过教学需要让学生形成积极的防灾态度－不恐惧灾害，也不漠视灾害。所谓不过分悲观与乐观。需要学生形成正确的防灾技能－能够像科学家一样科学地思考，在灾害来临前、时选择正确的应急避险方法。同时，需要学生掌握正确的防灾知识，这是技能与态度形成的基础。

灾害教育活动课程可以讲座、小组讨论、演讲、知识竞赛、演练等多种形式开展，但需要与讲授课程充分融合，不能顾此失彼。不是所有内容都需要通过游戏展现。同时，讲授式教学需要占一半的课时，这才能保证学生、尤其是高年级学生知识的学习积累。

（3）灾害教育是素养教育不是职业教育。一般意义上的灾害教育不是培养专业的灾害救援人才、管理者等，主要是通过提前受教育者的素养，进而推进防灾文化的普及，安全安心社会的建设，与灾害相关的内容都可以讲，科技层面、文化层面、政策层面等。鉴于此，希望广大教育工作者不要功利化灾害教育，灾害教育立意要高，细水长流。

（4）正确处理区域性灾害问题。区域性本地常见灾害应该成为灾害教育的主体，但不是全部。比如西南地区的学校认为没有必要学习台风灾害，综合思维能力的培养，不要局限于地域灾害。学生的成长是一个不断发展的过程，除了学习教材所列的常见灾害外，教师还可以开拓更多的内容。

5.2.4 学习灾害教育教学引导模式

教师要根据教材学生情况，选择贴切的教学方式。教学方式方法选择运用要贴切。力求"改变课程实施过于强调接受学习，死记硬背，机械训练的现状，倡导学生主动参与，乐于探究，勤于动手……以及交流与合作的能力。"在教学中应该应用多种教学方式，可适于灾害教育的教学模式：探究式教学模式、体验教学模式、合作教学模式、案例教学、户外教学。灾害教育可采用探究、讨论、实验，观察等多种活动形式，使学生与学习对象相互作用，从而获取主动认知，主动建构，得到充分发展。采取"小组讨论"和"合作学习"的方式，让学生多想，多试，在讨论和合作中去发现，去探索，去创造。

研究者提出通过教导相关知识，让学生感知灾害的危害，进而理解防灾准备的必要，通过这一连串的启发过程，学生可学习防灾的技巧，组织自己的防灾策略。当灾害发生时，才能有正确的反应，将灾害的伤害降至最低。

5.2.5 开展灾害教育教学课例研究

我国新课程改革所倡导的专题研习，非常适合开展灾害教育。利用当地灾害的类型和特点，通过理论学习与生活实际相结合，广泛采用研究性学习。以学生的自主性、探究性学习为基础，从学生生活和社会生活中选择和确定以自然灾害的相关问题为研究习题，主要采用小组合作或个人形式进行研究性学习，使学生通过查阅文献，调查访问，亲身实践，深刻了解其灾害现象、成因、危害等。寻求可行的解决方法，养成严谨的科学精神和科学态度，提高学生应对灾害的能力，对于正确环境观和灾害意识的形成非常有利。

借鉴国外的灾害教育案例，我们可以发现其善于运用探究式教学等多种教学方法且注重减灾防灾意识的培养。探究活动基本程序：提出假设－搜集资料－验证和修改假设－对新的假设做出解释。书中有几则国外教学案例（详见教学策略部分），希望能起到抛砖引玉的作用。

5.2.6 具体教学策略、方法与案例

5.2.6.1 整合不同学科资源，综合渗透且开设选修课、校本课程

灾害教育应采用渗透式模式，同时积极探索单独设课模式。现阶段课程压力较重，可采用渗透式设课。将来条件允许的情况下，灾害教育课程可以以选修式必选的课程形式出现。

我国台湾地区灾害教育主要采用渗透式，具体有自然与生活科技、艺术与人文、社会、数学、语文、健康与体育等科目。日本兵库县防灾教育大纲列出了基础教育阶段的目标，具体实施科目以及操作案例，由于篇幅的限制，仅选取高中阶段介绍如下表 5-3。可见，渗透式灾害教育是各国和地区的普遍选择。

表 5-3 兵库县高中防灾教育项目和主题范例

防灾教育项目		主题范例	科目等
自然环境和防灾	引起灾害的自然原因	· 学习地震、火山、气候等原理 · 读懂地形图，了解地球的形成 · 制作地形模型和气象模型 · 调查森林和防灾的关系，学习保护自然环境和防灾知识 · 从自然环境的角度去找出各地发生灾害的共同点和不同点 · 知道泥石流和地球板块运动的原理	理科基础，理科综合，地学，地理，数学，物理，综合
社会环境和防灾	地球的自然环境和灾害	· 调查过去的自然灾害历史 · 读懂地区的地形图，通过现场作业来理解大地的构成 · 学习保护自然环境和防灾	地学，地理，理科基础，理科综合，综合
	社会的防灾力	· 了解灾害的历史、恢复和复兴以及防灾工作 · 学习灾害相关法律 · 吸取阪神、淡路大地震的教训和经验 · 学习防震设计、加强抗震以及防止家具倾斜的重要性 · 从自然环境的角度去考察各地发生灾害的共同点和不同点 · 学习灾害时危险物品和石油化学物质的处理方法 · 对假定城市的防灾体制进行思考	日本史，现代社会，政治经济，化学，综合

防灾教育项目	主题范例	科目等
社区的人们	• 制作地区安全地图 • DIG（灾害图上训练）、分叉路（crossroad）等活动 • 学习阪神、淡路大地震后的城市建设 • 思考行政和市民的关系 • 阅读和灾害相关的文学作品 • 制作防灾宣传画和标语，提高防灾意识 • 学习心脏复苏法等应急处理方法和生存技能	现代社会，政治经济，特别活动，国语表现，现代文，古典，艺术，综合
我们家的防灾能力	• 对自家的防震能力进行判定 • 对自家家具的配置和防止家具的倾倒进行考察 • 组织家人讨论如果一旦发生灾害时要采取的措施	家庭科，综合，特别活动
志愿者	• 理解志愿者的理念，积极参与地区社会的支援活动 • 学习全国的灾害志愿者活动 • 参阅以往纪录，对灾害时高中生的作用进行讨论 • 参加诸如灾害志愿者等各种志愿者活动 • 思考灾害志愿者和其他志愿者的关联	现代社会，伦理，保健体育，家庭基础，特别活动，综合
国际交流	• 接触海外的相关灾害新闻 • 给海外受灾地发送英文讯息 • 将灾害体验翻译成英文并发送出去 • 和在日外国人一起学习灾害教训	英语，综合
福利	• 对灾害时老年人、残疾人、儿童的受灾状况和生活状况了解，考察防灾和福祉的相互关系 • 参加一些日常的以安全、安心为目标的福利活动 • 去临时住宅以及修复住宅研修	现代社会，保健体育，家庭基础
心理健康	• 学习精神伤害的机理和看护方法 • 通过一些角色扮演实地感受关怀的必要性 • 思考保持精神健康和自我实现	现代社会，保健体育
防灾训练避难训练	• 开展不同条件下的避难训练 • 参加地方防灾训练	特别活动

续表

防灾教育项目	主题范例	科目等
情报	· 认识到发生灾害时信息的重要性，学习传达方法 · 整理灾害信息，吸取灾害教训 · 开展信息收集游戏，切身实地的感受到收集信息的困难和重要性 · 将防灾教育的实际情况发布在网页上 · 思考如何向在日外国人、盲人、聋哑人等有沟通障碍人士的信息传达工作	信息，综合

在必修课实施的过程中，可采用综合渗透的方式，把灾害教育渗透到相应学科的适当的章节中。不同的学科呈现的内容可能不一样，但目标都是一致的，其中地理这一学科对于提供灾害教育是最有效的，这跟地理学科的学科性质和内容有关。地理可以呈现地球各圈层的相关原理、灾害的基础知识、发生机制、危害等内容。语文学科可以呈现与灾害相关的文章，加深学生对灾害的感性认识或理性认识；数学可以以数据的方式呈现灾害或与其相关内容的数据，使学生从数量上了解灾害对人类的危害、防灾工程和措施的效益等；生物学科可呈现生态系统、生物链、生物多样性、环境破坏对生物生存的影响等内容，让学生理解保护生态环境的重要性等；历史学科则可以呈现灾害相关的历史事实，使学生知道灾害对人类社会发展的制约作用。各门学科都可以以适当的方式，对学生进行灾害教育。

可见，灾害教育采取已有学科综合渗透、开设选修课、积极开设校本课程是最佳途径。选修课是在必修课基础上，为拓宽和增强学生有关学科领域的知识和能力开设的。在我国全日制普通高级中学课程标准中，《自然灾害及其防治》是作为地理选修，供学生选择学习。《自然灾害及其防治》这门课，对自然灾害的相关内容作了系统的展现，主要内容有：主要自然灾害的类型与分布、我国的主要自然灾害、自然灾害与环境、防灾减灾。学习这门课，可使学生对灾害的表现、发生原理、危害及其预防和监测措施、防避方法等知识深入地学习，为日后学习和研究打下坚实的基础。

目前我国灾害教育校本课程较少。校本课程能结合学校所在地实际，讲授学习区域性灾害类型，满足乡土教学特性；能结合学校学生特点实际，开展校本教研提高教师防灾素养，在此基础上编制校本课程，进行教学实践，提高学生防灾素养。

5.2.6.2 注重体验，开展多种课外活动

灾害教育在教育教学过程中，除了采用已有的各种资料和活动，还可以

根据教学的需要，自己开发一些活动。教师在设计活动时，应先明确学习目的，避免为活动而活动，以至浪费时间和资源。灾害教育等专题教育内容主要渗透在相关学科和活动中进行，也可利用地方和学校选修课开设专题讲座。此外，还可以开展诸如编写专题黑板报、手抄报、辩论赛、抢答赛，参观考察附近地区的灾害遗址，与社会共同开展防灾演习、逃生演习等；如组织以"自然灾害与我们"（"自然灾害与环境""自然灾害与高科技"等）为主题的演讲比赛。结合实际，可以在主题班会中讨论"日常生活中如何应对突发性灾害"等与减灾防灾的话题；模拟某自然灾害为背景的救援演习；配合"世界防灾日"，出一期板报；准备一个急救包等。

兵库县立舞子高中环境防灾科诹访清二强调体验学习相当重要。灾害体验有三种，一种是直接受灾体验、直接援助体验与间接体验。我们在体验中学习，如直接听受灾者或直接援助者讲述、阅读书本、观看照片或视频学习。讲述自己体验的人的存在意义在于此，文学与报道的存在意义在于此。获得防灾知识的人应该发现防灾教育的必要性，理解防灾教育的重要性，将自己所学知识与技术、更为重要的是将防灾的赤诚之心传递给孩子们。防灾教育成功与否，并不取决于受灾体验经历的有无，而是取决于教师们是否渴望学习灾害体验的态度。

为了提高防灾教育的效果，我们要让学生们自己去调查、讨论并进行亲身体验。在活动中加入游戏的因素，增加趣味性。这里我们介绍几种增加学生活动趣味性的方法。以下就灾害图上训练（DIG）、防灾演练、防灾地图、防灾运动会分别论述。

1. 灾害图上训练 (DIG)

DIG 是一种使用地图讨论防灾对策的训练活动，是取了 Disaster、Imagination、Game 这三个英文单词的开头字母。此外，dig 这一英文动词含有"挖掘""探索""理解"的意思，所以 DIG 也包含有"了解灾害""探索城市""挖掘防灾意识"的意义。

材料准备。地图（校区的住宅图等）；透明薄板（铺在地图上，可以用油笔在上边做记号）；油笔（粗细两用的 8 色或者 12 色）；汽油和面巾纸（用于改正写错的油笔印记）；透明胶（粘合地图、固定透明薄板）；签条（随时记录作业中的意见和建议）。

开展方法。导入：对 DIG 的解说；说明顺序；展示灾害的录像和照片，加深学生的印象；解释假设灾害，（例）发生了里氏 7.7 级地震（发生时间、受灾状况等）；由于台风带来的暴雨使某某河的堤坝决堤了（发生时间、受灾状况等）。开展：确认自己居住城市的结构，铁路、主要道路（国道、县道）、窄路和胡同；河流、水路、用水；广场、公园。标出地区防灾相关的机关和设施。市镇政府、消防署、警察局、医疗机关，避难所（学校、文化馆）、防灾仓库、防火水槽。标出地震时容易倾倒、掉下一级损坏的设施，砖墙、石围墙等、自动售货机、屋外广告牌等。在填图前事先决定颜色会使作业更顺利进行，并可以使各班更容易互相理解对方的发表。总结和发表：列出各项进行分班讨论，如发生灾害时对校区的防灾和灾害救援有利因素；发生灾害时对校区的防灾和灾害救援不利因素；假定一个发生灾难的情景，模拟确认避难通道的训练。

2. 防灾演练

当前学校灾害教育教学中仍以教师讲解的教学方式占支配地位，不适应和不符合灾害教育的特点，也难以达到灾害教育的目标与要求。应该多增加体验式、探究式学习与防灾演练（disaster drill）。防灾演练是灾害教育的重要一环，是知识向能力转化的重要环节。但是绝不应该认为只要实施了防灾演练，就能达到灾害教育的目标，灾害教育应该由多种教学手段与形式共同完成，而不仅仅依靠一种形式，虽然防灾演练能体现灾害教育的仿真性、体验性等特征，但防灾演练不是灾害教育的全部，灾害教育还必须有一定的知识基础，防灾减灾能力才能发展，防灾减灾态度才能形成，在此基础上孕育全民安全文化。

地震多发区的学校应当未雨绸缪，编制校级的应急预案并开展相应的应急演习演练，同时对学生的防震减灾技能进行针对性培训与考核，使学生在地震时能尽量做到不慌乱、有序疏散和积极自救互救等，切实提高学生有效响应地震灾害的能力（张勤，2009）。值得注意的是：日本从阪神大地震、我国台湾地区从集集地震都积极吸取教训，重视防灾减灾工作与灾害教育。有些学校领导者认为编制学校防救计划就是形式，并不重要。城市、农村学校情况千差万别，要结合当地主要自然灾害类型、与学校具体情况编撰学校防救计划并实施之；二是认为有了防救计划就完成了灾害教育，计划不是一切，不是一张空白文本就可以解决一切问题，关键是要执行和实施。防救计划是必须的手段，但不是最终目的。当然也建议开展一些评价指标研究，以促进灾害教育在学校的开展。

特别值得一提的是：防灾演练对于提高学生避灾技能和应对灾变的心理有重要作用。否则，灾害突然发生时，容易造成恐慌混乱，甚至酿成不该出现的伤亡。在我国台湾地区的中学灾害演练比较常见。每学期，应该有固定的时间用于灾害教育的演练。教师、学生应做出演练计划；计划内容应包括地震、飓风等；编写演练脚本，培养学生自救与救人能力。

1）灾害对应模拟演练

如果对自然灾害的发生和采取对策不能够进行临场试验，那么就设想灾害的发生，想象自己在这种情况下所采取的行动也是很有作用的。此时，尽量的使用过去发生过的灾害的信息，可以从中学到很多东西。

事前准备：工作时间表（设定一些灾害发生的时间点，如：灾害发生后、10 分钟后、30 分钟后、2 小时后、半天后、1 天后、2 天后、3 天后、1 周后、2 周后，1 天后每 1 小时划一个刻度）；收集过去灾害的相关纪录（包括修复和复兴）（也可以让学生使用图书馆、网络收集资料）。

开展方式：灾害对应模拟演练的开展方式分个人、班级合作及总结，个人需要对假定的灾害状况进行说明；各自设想自己所处的地点和时间以及该采取什么样的措施，填入到工作计划表中；在进入个人作业之前，可以发表一下个人对灾害对应的观点。班级合作需要对各自指定的工作计划表可以 2 个人也可以更多人进行分组讨论；对照过去的灾害纪录，察看是否有遗漏或者采取的措施是否合理。总结"自助""公助""共助"等角度加深灾害后对策的深度；对灾害后采取的措施和避难所的生活进行讨论。

开展方法：发生水灾和灾害时，以前联系过的东西就变得非常重要，精心设定工作表的时间；吸取东南海·南海地震的灾害教训；不仅是自己的行动，将视点转换到"自治会行动""志愿者行动"等就会获得更多收获。

2）防灾（避难）训练

将防灾（避难）训练设置到教育课程当中时，必须注意要易于学生的理解。想象各种灾害，使学生无论遇到什么灾害都有完全克服困难安全避难的态度和能力，尽量截取一些体验性素材。特别是地震，大部分都不能预测，要使学生在防灾（避难）训练时掌握各种场合下的自救方法和避难方法，能够采取相应的行动。

防灾（避难）训练的主要内容（例）①保障安全的方法；②信息的收集、确认、传达、报告；③编成防灾组织及其活动；④学生的避难引导；⑤火源的安全管理和初期灭火；⑥救出负伤者和应急处理；⑦联系学生家长、转交学生；⑧灾害用品和准备用品的检查。

防灾（避难）训练的状况设定：①发生地震和火灾；②发生火灾时；③发生风灾和水灾时；④不能进行紧急播放时；⑤电话不通，不能进行信息的收集和传达时；⑥操场由于地裂、流沙、地陷等不能使用时；⑦走廊、紧急用楼梯不能使用时。

防灾（避难）训练假想场面：①上学放学时；②上课前、下课后；③上课中（普通教室、特别教室、体育馆、运动场等）；④休息时；⑤特别活动时；⑥校外教育活动时；※在宿舍时。

实施防灾训练的方法：假定灾害发生在休假时，事先选定一个失踪的学生，训练如何正确进行安全确认（点名、人数确认；给走廊里放些纸箱当作跌落物品和倾倒物品，进行选择避难道路训练；假设教员受伤，让学生进行搬运训练（用绳背或担架）；事先向学生通知训练实施日期，进行模拟训练时学生和老师都必须首先卧倒。此时，必须按照各学校的"灾害对应手册"进行，不再配发事先训练实施相关资料；给避难道路上配置几名教员，对避难引导工作进行评价。

防灾（避难）训练时的注意事项：根据地区实际情况、充实事前指导、力图多样化、明确角色分担、加紧和家庭以及相关机构的联系、进行评价并吸取经验等。具体分别为：根据学校种类和地区的实际情况，并考虑到和其他安全指导的关系后来决定时间、次数、内容等。如果学校建在海岸的填充地、池塘的填充地、堆土、海岸地区、崖上和崖下等地方，应该考虑到学校会发生海啸、液化状、浸水、崖崩等二次灾害的可能。如果学校在木结构住宅密集的街道或临近工厂，那么要考虑到学校会发生爆炸和大火等二次灾害的可能性。事前要让学生充分了解到此项活动的意义，"自己的生命自己来保护"。要将重点放在让学生根据教员的指示保护头部和身体，避免危险的训练上。使用屋内消防栓、救生滑梯、灭火器、担架等增加紧迫感和临场感，进行各种模拟训练。此外，假设由于地震引起了校舍的裂缝或走廊的损坏，设计多条避难通道。明确每一个教员的指挥系统和角色分担（信息收集、向相关机构的通报、联络、搬运、救助等），确保行动的准确性。在地区防灾规划的基础上，加强和消防队以及防灾机关的合作，同时也要进行和自主防灾组织的联合训练。另外，事先也要和家长对他们和学生之间的联络方法以及不同情况下的转移方法和回家的方法。最好也能提前得到地区方面的帮助。每次训练后必须进行评价，吸取教训，作为下次训练的注意点和改善点。

3）和地区进行联合防灾训练

在1月17日"兵库县安全日"实施了自主防灾组织等的地区居民和学校的联合防灾训练。继承了阪神·淡路大地震的经验和教训，使每个县民都不忘灾害带来的教训，时刻保持警惕。在此项活动中，学生、家长、地区居民一起参与是十分有意义的。对付灾害最强大的动力就是同一地区人们的团结和合作。通过训练，体验互相合作的感受，加强配合的默契，以应对灾害的发生。

事前准备：①事先召开包括学校、行政（市街防灾部局）、相关机构（消防署、警察署等）、相关团体（自主防灾组织、消防团等）等相关部门的通气会；"协议的内容"：日程：最好将日期定在休息日，更多的吸引家长和居民的参与。同时，也可以考虑与学校或本地区的常规活动一起举行。事先做好应对雨天的准备；内容：努力创造一个学生、教员、家长、市民能共同参与的活动内容；准备和开展：力图使相关团体称成为主要负责部门，因此，需要和市街防灾部局进行协调和合作。活动当天也可以申请EARTH（※）的派遣。②有学校来负责家长部分、自主防灾组织负责居民部分，分别募集参加人员。③会场的准备由学校负责，训练使用的灭火器、各种材料以及伙食部分的所需用具和材料由自主防灾组织来准备。④在活动开始之前或者是开始的前一天将相关人员集合到学校，做好相关准备。※在有关 EARTH 的派遣方面，由校长向各教育事务所申请。

训练的内容：①开设避难所训练：引导避难人员（在检查了设施安全的基础上）；避难者受理和名单；对开设避难所时开放区域和开放优先顺序的说明；避难所生活规则的说明。②初期灭火训练（灭火器实习、接力传递等）；③急救法演练（使用三角巾的应急处理、心脏复苏法等）；④搬运法演练（简单担架等）；⑤提供伙食训练；⑥灾害图上训练（DIG）；⑦向家长转移学生；⑧烟雾体验、起震车体验（请求市镇消防部门的协助）；⑨对应防灾物资材料设备的训练。

训练中的注意点：接力传递、简易担架等人工的搬运，也可以在运动会上设立成家长和居民的一个项目；在进行向家长转移学生的训练时，分发校区的地图，让家长和学生放学同时将危险场所和避难场所标在地图上，有可能的话日后进行发表。

表 5-4 的案例阐明防灾演练的步骤、流程及注意事项，作为参考。

表 5-4   2009 年某学校地震灾害演练项目及任务分工

演练项目	演练内容	单位	时间
1. 简报	地震灾害应变措施之规划及准备	学务组	14：00/ 14：25
2. 地震发布	中部地区因为 外海 公哩，深 公里发生规模 之地震，摇晃时间持续 秒	司仪	14：25/ 14：27
3. 紧急应变组织的激活：成立灾害应变小组	学校受灾，依据本校『灾害防救计划』之作业规定成立应变组织，规划组以电话、传真、上网或简讯方式通报灾情	校长/院长 应变组织成员	14：27/ 14：32
4. 紧急搜救及逃生避难引导	1. 本校各上课老师依防灾地图及避难引导标示以适当方式引导学生紧急疏散避难 2. 导师及疏散队成员需协助行动不便之教职员工与学生疏散避难 3. 针对警戒区域内不肯疏散之本校教职员、学生强制送至避难处所 4. 应变组负责清除障碍物，协助逃生	抢救组 避难引导组 上课老师 导师	14：32/ 14：40

演练项目	演练内容	单位	时间
5. 伤亡教职员、学生紧急救护及运送	1. 紧急救护组成立「临时救护站」于户外空旷安全之地方，并且执行检伤分类及紧急处理 2. 轻伤伤员直接在「临时救护站」做处理 3. 重伤伤员先维持生命迹象，再请求救护车或直接派车送往合作之医院 4. 学校周边之医院及诊所视情况派员支持「临时救护站」	紧急救护组学校周围之医院及诊所导师	14：40/ 14：50
6. 避难所的开设，与学生之安置	于本校相对安全之位置，设置避难收容所，紧急安置学校教职员工及学生 1. 班级导师应建立学生紧急识别卡，内容应包括学生姓名、班级、家长或代理人的联络方式、通讯地址等相关事项，此项作业可参考学生家长联络单（簿） 2. 将未受伤学生集中留置、安抚，确认人数，连络家长（或代理人）来校接回学生或通知学生相关讯息及措施 3. 选定多个避难收容地点，并计算出大概可以容纳人数，准备足够饮用水及口粮 4. 导师在家长或代理人未领回学生前，由学校来保护 5. 要特别注意行动不便之教职员工与学生之留置与安抚	避难引导组导师	14：50/ 15：05
7. 对灾情的掌握及伤亡的统计与灾情搜集通报	依据各组通报之情形及灾害抢救经过实施灾情汇整，持续陈报地方灾害应变中心及教育局	指挥官通报组	15：05/ 15：15
8. 演后讲评	演后检讨与讲评		15：15/ 15：45

3. Crossroad

"CROSSROAD"原意是指"交叉路""岔路"。灾害现场随时会变化迫使我们必须迅速做出决断。这一游戏，取材于发生阪神o淡路大地震时神户市职员所面对的各种状况以及他们的各种判断。这些很难决断的复杂的素材会加深大家对作决定前必要信息和前提条件的理解。

事前准备：规则说明书；问题卡（按人数准备，可以印在记录卡片，此外，也可以用闪光卡贴在黑板上）；"YES"卡和"NO"卡；得分卡；学习的总结（按人数准备）。

规则：分班（最好是奇数、偶数也没有关系）；朗读问题（可以每个班轮流朗读问题、也可以让老师读）；各自将"YES""NO"的问题写入记录卡，并将卡面向里放在最前面；一起将卡翻过来；分发得分卡；所有人解释自己选择卡的理由；加上教师的说明。可以让多个人发表；※ 重复这一过程，最后靠得分卡的多少决定胜负；学习总结：意见占多数的一方，每个人得一张卡；数量相同的情况不发卡；如果只有这个人和其他人意见不同，可以给这个人发特别卡。

开展方法：①可以进行集体指导。基本的流程不变，可以由教师来阅读问题，也可以点名叫同学读，或者一起阅读，得分卡由教师进行分发。如果意见的少数派真的非常少那么就给他们发2张卡，或者发特别得分卡。②当你拿出你的"YES""NO"卡时，不仅是自己的意见，同时也要考虑一下多数人的意见。③在参观日或者和地区合作实施防灾训练时，可以参考不同人的意见，这样会更好达成目的。

4. **防灾运动会等活动**

国外一些国家十分重视灾害教育，灾害教育追求系统性、实用性、易操作性、实践互动性。在国外，学校灾害教育不仅是学校的事，而且还发动家长和社区共同参与进行，通过全方位的支持，保障学校灾害教育地顺利进行。学校灾害教育不仅重视从书本上学到安全的知识，而且还注重在日常生活中，在实践活动学习安全的知识和技能。不难看出，国外不仅在安全和灾害教育理论的研究上较为成熟，而且在灾害教育的实践上也走在我国前面。仅选日本防灾运动会一例，摘录如下：

日本神户市的当地一家小学每年举行防灾运动会，家长、学生还有跟社区老百姓一块参与互动。活动目的不是说百分之百为了防灾，而是把防灾技能作为生活技能的一部分去培养。在灾害发生时，学生具备这种能力是非常重要的。该社区在原来每年都举办社区运动会的基础上，把防灾演练的内容作为比赛项目，促进小学生与家长以及社区群众的交流。这种把灾害教育与运动会的形式结合起来的方法，很有新意。

社区群众团体中有自主消防团。这是志愿的社区民间消防组织，每年消防团跟小学学生、家长一块搞防灾运动会。这个防灾运动会还有一个特点就是利用社区和家庭的资源，比如拿纸箱盒做工具，练习火灾时的逃生技术。因为发生火灾之后，要避开烟的话，就要学会弯腰俯冲的技能。这个钻在纸箱里比赛向前俯冲，做法很简单的，但是能解决学生在发生火灾时避险逃生的技能问题。还有一个比赛项目是做担架，让学生拿着两根竹竿，一张毛毯做担架，把用纸板画的一个人放在担架上，然后担着他去救援。还有一个特点，就是建立防灾福利社区，老人与孩子一起应对高龄化社区，比如教育孩子在灾害发生时要关心老人等灾时的困难者。这提示我们除了关注落后地区、关注脆弱性还要关注容易遭受灾害损失的弱势群体。

5.2.6.3 创新教学模式，采用多种教学方式

有研究者提出通过教导相关知识，让学生感知灾害的危害，进而理解防灾准备的必要，通过这一连串的启发过程，学生可学习防灾的技巧，组织自己的防灾策略。当灾害发生时，才能有正确的反应，将灾害的伤害降至最低（图 5-1）。

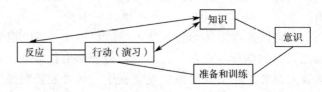

图 5-1 灾害教育教学引导模式（Lidstone，1996）

教师要根据教材学生情况，选择比较贴切的教学方式实施教育。教学方式方法选择运用要贴切。力求"改变课程实施过于强调接受学习，死记硬背，机械训练的现状，倡导学生主动参与，乐于探究，勤于动手…以及交流与合作的能力。"在教学中应该应用多种教学方式，可适于灾害教育的教学模式：探究式教学模式、体验教学模式、合作教学模式、案例教学、户外教学。灾害教育可采用探究、讨论、实验，观察等多种活动形式，使学生与学习对象相互作用，从而获取主动认知，主动建构，得到充分发展。采取"小组讨论"和"合作学习"的方式，让学生多想，多试，在讨论和合作中去发现，去探索，去创造。我们来看一个相关案例：

1. 课例一：绘制自然灾害分布图

收集近年来我国某种自然灾害的资料，绘制其地理分布简图，解释其形成原因，并说出我国已采取的防灾减灾措施。如"了解中国自然灾害的分布状况"实施过程中教师可以就以下方面给学生指导：

（1）为学生提供适合用的空白中国政区地图；

（2）提示学生当它要表示某一种事物的分布状况时，哪些图例符号是适

宜的；

（3）引导学生如何准确地将各种灾害的分布区域准确地绘制在中国空白政区图上。

我国新课程改革所倡导的专题研习，非常适合开展灾害教育。利用当地灾害的类型和特点，通过理论学习与生活实际相结合，广泛采用研究性学习。以学生的自主性、探究性学习为基础，从学生生活和社会生活中选择和确定以自然灾害的相关问题为研究习题，主要采用小组合作或个人形式进行研究性学习，使学生通过查阅文献，调查访问，亲身实践，深刻了解其灾害现象、成因、危害等。寻求可行的解决方法，养成严谨的科学精神和科学态度，提高学生应对灾害的能力，对于正确环境观和灾害意识的形成非常有利。

借鉴国外的灾害教育案例，我们可以发现其善于运用探究式教学等多种教学方法且注重减灾防灾意识的培养。探究活动基本程序：提出假设—搜集资料—验证和修改假设—对新的假设做出解释。下面我们来看一则英国灾害教育的案例，希望能起到抛砖引玉的作用。

2. 课例二：人们能与火山共处吗？

教学目标：学生体验蒙特塞拉特岛1995年以来的火山活动情况，并为这个岛屿制定安全计划。教学过程：主要包括两大环节，即真实情景再现和制定安全计划。

※真实情景再现。教师提供1995年蒙特塞拉特岛火山爆发期间，亲历者 Chander 的日记片断，让学生在头脑中再现火山爆发的真实情景（图5-2）。

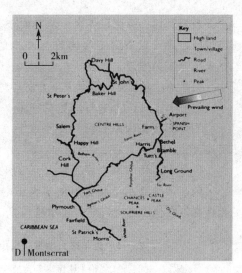

图 5-2 蒙特塞拉特岛地图

7月18日：我注意到烟雾正从 Chance 峰的山顶冒出。我的老师说，它是一座休眠火山，已经有好几百年没有爆发过了。今天它又复活了！

7月21日：三天来，我感觉到大地在颤动。以前我从来没有感受过地震。地震相当可怕。居住在 Long Ground 的人们已经撤离了。

8月8日：地震带来的震动越来越强烈。实际上你可以感觉到建筑物在移动。火山的上空有一个巨大的烟柱。今天，我的奶奶撤到了岛屿北部的圣约翰，那里更安全一些。

8月19日：火山爆发一个多月了。情况越来越糟。许多人搬到了岛屿北部，有些人干脆离开了蒙特塞拉特岛。

8月21日：今天，火山灰遮天蔽日，天空黑暗了半个多小时。风把火山灰吹到了普利茅斯。到处污秽不堪。

8月30日：火山终于平息了。科学家认为，可能还将有一次大爆发。我父母说我们将要移居塞伦，直到火山彻底平息。

※ 制定安全计划

教师出示蒙特塞拉特岛的地形图，图上还有河流、风向等信息。让学生分组讨论：火山爆发后，居住在蒙特塞拉特岛的什么地方才安全？接着让学生将岛屿划分为A、B、C、D四个区域，制定出安全计划。

A区域——危险区，不能进入。只有地质学家乘直升飞机才能进去。

B区域——完全撤离区。但允许人们回家收拾一些重要物品。

C区域——老人和孩子撤离区。其他人准备随时离开。

D区域——安全区。人们从其他地方撤离到这里居住。

3. 课例三：火山地震的分布

教学目标：探究世界火山地震的分布规律教学过程：（包括以下6个环节）

（1）看看以下四个同学的想法，他们的观点对吗？写下你自己关于地震和火山分布的假设。

同学A：我认为地震与火山喷发只发生在热的地方，是热量使地面产生裂缝。

同学B：我认为它们发生在穷国，因为那里的人们没有预防它们的技术。

同学C：我认为它只发生在大陆，英国是一个岛国，因此不会遭遇地震或火山。

同学D：我认为它们可能发生在任何地方——这只是运气好坏的问题。

（2）阅读近几年发生的主要火山、地震的统计资料，根据表5-5中提供的经纬度，在地图上找到它们的准确位置。在一张世界空白图上把它们标注出来。

表5-5　近年来大地震、火山喷发发生地、经纬度统计表

地震	年份	纬度	经度	火山	年份	纬度	经度
唐山（中国）	1976	40°N	118°E	Mount St helens（美国）	1980	46°N	122°W
墨西哥城（墨西哥）	1985	20°N	100°W	Nevado del Ruiz（哥伦比亚）	1985	5°N	76°W
斯皮塔克（亚美尼亚）	1988	41°N	44°E	Soufriere Hills（蒙特塞拉特）	1995	16°N	62°W
旧金山（美国）	1989	38°N	122°W	Grimsvotn（爱尔兰）	1996	65°N	17°W
伊朗	1990	39°N	48°E	Ruapehu（新西兰）	1997	39°S	175°E
印度中部	1993	19°N	75°E	Popocatepetl（墨西哥）	1998	19°N	98°W
神户（日本）	1995	35°N	135°E	Mount Etna（意大利）	经常	37°N	15°E
土耳其西北部	1999	41°N	30°E	Kilauea（夏威夷）	经常	20°N	155°W

（3）在网上查询关于火山爆发和地震的最新资料，在你的世界空白图上补充你找到的最新信息。

（4）读世界火山地震分布图，与你自己画的那张图比较一下。你有什么发现？

（5）回头看看四个同学的观点，利用学习的知识反驳他们。再看看你自己的假设，你觉得对吗？现在你知道得更多了，需要重新写你的假设吗？如果需要，马上写吧！

（6）读地球板块示意图，注意板块边界和板块的运动方向。对照世界火山地震分布图，你有什么发现？

值得一提的是，在中学实习期间，讲授《人与灾害》人文素养课程，采取多种教学方式、调动学生积极性，关注防灾态度的树立与技能的培养，取得良好效果。灾害教育中要充分认识视频、音乐的教学作用与效果，应用诗歌等艺术形式与灾害教育之中，可以唤起学生对生命的热爱、对灾害的正确认识，达到灾害教育的效果。

5.2.6.4 充分利用乡土地理教学资源，完善灾害教育资源库

地理学科视角的灾害教育多是关于灾害发生机理、灾害演变规律的问题，少从可持续发展角度综合分析。在每年的国际减灾日、世界环境日、世界地球日等日子，教师要利用这一时机，组织学生进行宣传教育活动，可强化学生的灾害意识、环境意识。在科学发展观指引下的可持续发展教育下构建灾害教育的框架。

乡土地理教学资源的挖掘和利用，可以把课堂教学与课外活动紧密结合起来，学生可以通过自主的观察实践认识家乡的灾害遗址或收集历史上有关灾害的记录，了解和明确家乡常见的自然灾害，引导学生分析灾害成因、特征及其规律，以及灾害对家乡的自然条件，经济发展，资源开发和环境等的影响。地理学是以区域为研究对象，灾害研究和灾害教育也要落实到具体的区域上，使学生们对自己生活的区域环境及其问题更加熟悉和了解，能激发出学生对家乡的热爱，并将这种感情变成学习上的动力，取得较好的学习效果。如收集本地区有关自然灾害前兆的谚语，以及防灾减灾的有效方法，在全班进行交流。或利用灾害遗址的教育，了解本地频发灾害及当地灾害历史。

学校灾害教育教学资源的内容应该是乡土化的，即来源于区域；形式上应该是校本课程表现出来的，即由学校出力开发设计出来的以及服务于学校灾害教育。即是"源于生活，来自区域，服务教学，体验发展"十六字原则。

我们不但要充分利用地理教材中的灾害知识，还要充分运用校内校外的各种课程资源，形成学校、社会、家庭密切联系的开放性教学。一是积极建设学校地理灾害教育相关课程资源库，不断扩大地理课程资源库的容量，提高其质

量。二是充分利用学校地理灾害教育相关课程资源，教师要结合学校的实际和学生的学习需要，充分利用学校现有资源，以及师生可用于地理教学的经历和体验。教师应鼓励和指导学生组织兴趣小组，开展野外观察、社会调查等活动；指导学生编辑地理小报、墙报、板报，布置地理橱窗；引导学生利用学校广播站或有线电视网、校园网传播自编的有关节目，提倡校际地理灾害教育相关课程资源的共建和共享。三是合理开发校外地理课程资源。加强与社会各界的沟通与联系，需求多种支持，合理开发利用校外地理灾害教育相关课程资源。组织学生走进大自然，参与社会实践，开展参观、调查、考查、旅行等活动，邀请有关人员演讲、座谈，拓展学生的地理视野，激发学生探究的兴趣。此外，还要完善灾害教育的数字化资料库，其包括：网上资源、书籍资源、视频资源、多媒体系统、合作资源。此外，还可以建立以灾害教育为专题的网站。在运用灾害教育数字化资源库教学时，学生可了解世界及我国发生的重大灾害事件的直观信息。通过灾害发生过程的触目惊心的画面，学生将提高了解灾害发生机理和防灾避灾方法的兴趣，树立持续发展的观念。

为充分体现灾害教育的综合性，以"整合不同资源，渗透灾害教育"的实施思路，目的是通过课程改革，改变课堂教学方式，开发设计灾害教育的教学资源，提高灾害教育的实效性。建设灾害教育教学资源库，在教育过程中，除了采用已有的各种资料和活动，还可以根据教学的需要，自己开发一些活动。教师在设计活动时，应先明确与其的学习目的，避免为活动而活动，以至浪费时间和资源。

5.2.6.5 结论与建议

在综述相关概念与灾害教育存在的问题及其解决途径的基础上，尝试提出灾害教育策略如下：①制定中学灾害教育指导纲要，以保证灾害教育良好的教学效果。②开展灾害教育的师资培训，防灾素养的调查分析来推进灾害教育。③整合不同学科资源，综合渗透且开设选修课。④灾害教育的教学策略应该是"综合渗透，主体探究，活动强化，全面发展"。⑤完善灾害教育数字化资源库，开发设计灾害教育教学资源。符合"源于生活，来自区域，服务教学，体验发展"原则。⑥编撰校园防救计划，开展安全文化建设。学校是灾害教育开展最适合的地方，因为学校教育比较系统和正规，学生是易受灾人群，学生能把灾害意识向社会扩散，从而提高全民的减灾防灾意识。地理学科有能力和责任承担起灾害教育的重任，地理教师亦责无旁贷。

除进行灾害教育教学策略研究之外，教学效果评价和师资培训也十分重要。目前阶段灾害教育框架体系与长效机制的构建在更形成依赖于后者。

5.3 灾害教育评价标准

应以灾害教育的目标与教学要求，制定灾害教育指导纲要及学校灾害防救计划，同时，正确实施教学评价，以保证灾害教育良好的教学效果。可以通过师资培训，防灾素养的调查分析来推进灾害教育；学校灾害防救计划是防灾减灾落实到具体操作层面的必要措施。

5.3.1　理论指标

灾害教育评价的主体可以为专家学者、教育者、受教育者；评价内容主要为灾害教育课程与教学、防灾计划、防灾素养水平；评价方法主要为指标法、素养检测、观察法等。评价应注重发展性评价、多种评价方法的结合，共同促进灾害教育的开展。如指导方法与过程评价，如何引发学生主动学习、自评与互评；指导成果评价，如学生防灾素养提升的实际贡献等。

相关人员防灾素养的评价可以参照文中相关部分。灾害教育课程评价请见章节 3，教学评价主要通过观察法与学生防灾素养检测进行。

根据教育评价的一般理论，对灾害教育课程评价的对象、内容、模式、方法及评价过程应遵循的主要原则，作了一些规定和说明，构成了评价体系的基本理论结构（图 5-3），因其未考虑其特殊性，故仍需要深入研究。

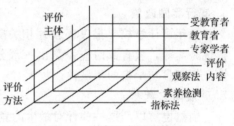

图 5-3　灾害教育评价体系

5.3.2　实践措施

关于灾害教育师资培训效果评价与建议，可以通过防灾素养监测进行效果评价，也可以通过其他发展性评价方法，以此保障培训效果。也可以积极探索以教师资格证考核内容、继续教育培训加入防灾安全知识，也可以探索建立专门的灾害教育者职业资格制度。使灾害教育师资更具可持续发展能力，不断提升其教育水平。

5.3.2.1　国家层面

1. 推动素养监测

防灾素养调查可以当作今后常年化防灾素养监测的基础，既可以给灾害教育教学一些意见，又可以给课程编制一些思考，最重要的，可以看出，学生防灾素养的发展变化趋势，提供决策参考。

2. 纳入安全标准

2012 教育部大事记指出，学校安全标准至关重要，且迫在眉睫，建议该标准的编撰不仅要重视硬件上的安全，更要重视灾害教育在内的软件，尊重生命，懂得保护自己和他人的生命。把灾害教育纳入此标准，保障实施效果。

3. 纳入培训考核

教育部要求各省把安全教育与管理远程教育培训纳入干部教师继续教育培训内容，培训学时记入干部教师继续教育档案，此举可以保证干部及教师参与效果。

4. 加强高考考查

一些研究者指出，在应试教育的背景下，加大高考试题对防灾素养的考察，可能更能立竿见影，但这样也可能容易导致学生只重视防灾知识的学习，忽视防灾技能的培养及防灾态度的养成。

5. 开展课题研究

积极开展灾害教育理论与实践研究，教师积极投入行动研究，确保灾害教育效果，发掘灾害教育存在的一系列问题，推进灾害教育实践。

6. 实行奖励政策

每年可让学校申报灾害教育相关奖项，如防灾演练优秀奖、防灾计划编撰优秀奖等，教育部门应该拿出一部分预算奖励先进学校，以使其更具长久性，提高参与学校的积极性。

7. 开展防灾竞赛

当然也可以开展一些针对学生的竞赛，如防灾地图比赛、防灾知识竞赛、创意防灾漫画等，培养学生的兴趣，保证学生的积极参与，端正态度，实现自主发展。

5.3.2.2 地方层面

地方教育部门应该开展灾害教育开展现状调查与督导，在学校灾害教育的开展过程中，教育行政管理部门扮演着至关重要的角色，其具体作用可以概括为以下几点。统筹规划：教育局的基本职能之一，是研究教育发展战略思路，统筹规划，研究制定局管教育事业的发展规划及年度计划。对于学校灾害教育，教育局则肩负着制定学校灾害教育基本指导纲要、确立指导思想、制定教育目标等任务，并颁布指令性文件，使得各学校在开展灾害教育的过程中，有章可依。组织管理：教育局在颁布了指令性文件后，需进行有力的组织管理工作，以确保各项政策、活动的有效实施。如组织各局管教育部门积极参与到灾害教育活动中来，协调指导，推进灾害教育的开展工作。资源保障：教育局负责局管中小学及有关学校的教育教学工作，因此教育局在灾害教育的开展中，也扮演着后勤保障、资源支持的角色。如统筹管理上级下达的教育经费，为灾害教育提供经费支持；提供教师培训机会、教学资料和专家讲座等。监督评价：教育局的另一项职能，即对辖区内的各项教育及管理工作进行督导、评估和检查。针对学校灾害教育，教育局应建立相应的监督体系和评价机制，组织督导团对其工作进行监督指导，并对其开展情况进行定期检查。

兵库县教育委员会每年都会开展"灾害教育实际状况调查"，可作为参考。在各学校定期进行设备、设施安全检查的同时，本调查作为学校评价的一环，也会对学校的安全方面进行评定（表5-6）。

表5-6　灾害教育实际状况调查评价内容（例）

完善防灾体制	和家长、地区、相关机构的合作	设施·设备的安全管理	充实防灾教育
（1）学校的防灾体制、防灾教育担当委员会以及主管人有没有掌管学校校务※ （2）是否有计划的实施了对学校防灾体制、防灾教育等的校内研修 （3）有没有制定学校自己的"灾害对应手册"※ （4）是否根据实施了的防灾训练修改自己的"防灾对应手册"※ （5）是否明确学校的开放设施以及开放的优先顺序※ （6）发生灾害时是否可以迅速成立教职员避难所支持班等组织※ （7）避难必要时，是否能迅速找到法律等相关书籍 （8）是否建立了一个非常时刻向学生和教职员传达信息的体制	（1）是否和市区街的防灾负责人以及地区的自主防灾组织的代表人进行定期的联络和照会※ （2）是否进行了和地区的联合防灾训练 （3）是否让学生参加了县、市街以及地区的综合防灾训练 （4）是否通过防灾训练让家长们知道了学生的交接方法等 （5）为了非常时期对儿童的心理辅导能够更好的进行，在平时就应和相关机构紧密联系	（1）是否定期对避难通道进行了检查、是否清除了避难通道上的障碍物※ （2）是否采取了防止锁柜、书架、电视、电脑等倾倒的措施※ （3）是否采取了防止玻璃四处飞散的措施※ （4）是否定期进行了对防灾设施·设备（防火门、灭火器、消防栓）的定期检查※ （5）是否对设施的防震级别心中有数 （6）是否对防灾所需各项资料、设备等的数量以及保管场所心中有数	（1）是否具体的制定出了推进防灾教育的目标、方针放在学校的教育目标和经营方针中※ （2）是否制定了防灾教育的年内指导规划※ （3）是否使用了防灾教育课外读物"活下去"等教材※ （4）是否实施了各种模拟防灾训练※ （5）是否积极进行了使用本地素材的教材的开发和防灾教育的课程研究 （6）是否拥有防灾相关的书籍、录像、DVD等资料

※为"防灾教育状态调查"的所设置的问题。

5.3.2.3 学校层面

学校自评表是为了解学校推动灾害教育的情况，将校园灾害教育涵盖的范围，分成五个维度，即组织与行政、课程与教学、校园灾害预防与应变、灾害教育设备与资源以及全校性灾害教育推动情况等。各维度划分成2～4点评估内容，评估内容再细分成评估指标。具体见表5-7。

表 5-7　学校灾害教育实施状况评估表

1. 组织与行政	1-1学校灾害教育组织运作情形	1-1-1校园灾害教育组织架构与分工方式
		1-1-2校园灾害教育组织运作步骤
	1-2学校配合政府部门与社会资源的支持与运用状况	1-2-1与社区灾害防救单位协调配合情形
2. 课程与教学	2-1学校灾害教育课程规划	2-1-1灾害教育课程规划融入现有课程领域配合学校课程规划灾害教育
		2-1-2灾害教育课程规划符合学生学习阶段
	2-2学校灾害教育教材、教案运用情况	2-2-1教案内容涵盖现实生活中经常发生的灾害状况
		2-2-2教案内容兼顾地域性
	2-3学校灾害教育教学活动实施情形	2-3-1教学活动善用灾害教育教材
		2-3-2教学活动提供具体有效的教学策略提升学生自救能力
3. 校园灾害预防与应变	3-1学校灾害潜势资料	3-1-1校园灾害潜在风险资料分析及内容
		3-1-2校园内设有危险地区之警示标示
	3-2校园灾害防救计划实施情形	3-2-1拟定校园灾害防救计划
		3-2-2校园灾害防救计划的紧急应变流程
		3-2-3校园防灾演练执行成效
		3-2-4校园灾害善后措施的规划情况
		3-2-5处室充分且互相支持灾后学生心理辅导工作处室充分且互相支持灾害教育

续表

4. 灾害防救教育之设备与资源	4-1校园建物的安全	4-1-1有效规划校园建筑物危害评估并落实执行校园建物安全检查
	4-2灾害防救设备设置	4-2-1基本的急救物品与防救设备定期检查并充实基本的急救物品与灾害防救设备
		4-2-2教室明显处有逃生疏散图
	4-3灾害防救教育学习网站使用情形	4-3-1学校网站与灾害教育网连结
		4-3-2学校师生能有效使用灾害教育网站
5. 全校性灾害教育推动情况	5-1教师参与灾害教育情况	5-1-1本学年教师参与灾害教育相关研习人数比例
		5-1-2本学年教师参与灾害教育相关平均研习时数
	5-2学生参与灾害教育情况	5-2-1本学年学生学习成果
	5-3学校举办全校性灾害教育活动情形	5-3-1本学年学校办理全校性灾害教育活动次数
		5-3-2本学年学校办理全校性灾害教育活动平均时间

5.4　灾害教育师资培训

我国部分省市防灾素养调查分析指出：教师防灾素养偏低，大部分处于不及格的境地，这值得我们警醒和担忧。同时，在针对教师灾害教育实施现状、课程等调查问卷中，教师明确表示，现阶段缺少针对教师的师资培训，已成为灾害教育教学专业发展瓶颈。广大教师呼吁开展此类型培训。灾害教育理念的普及需要一个阶段，教师防灾素养的高低是影响这个进程的至关重要的因素。同时，应尽早开展培训研究与实践。值得注意的是，培训资源分布不均，大城市多于农村地区，已有研究指出农村地区学生伤亡人数是城市地区的数倍，可见灾害教育培训应该关注脆弱性，提高落后地区教师开展灾害教育的能力。

5.4.1　国外概况

日本、澳大利亚及美国都有专门的中小学教师培训机构及开展模式，灾害教育培训也被纳入（表 5-8），如日本政府要求学校教师需配合、参加地方所举办的各种防灾演习及训练，如消防局的讲座、灾害体验学习会、地区整体防灾演练。

日本兵库县教育部门认为完善和充实学校的防灾体制，推进防灾教育是一项相关学生安全的非常重要的课题。有必要在参加县教育委员会等开展的研修的同时，扩展合作研修，充实校内的研修，提高教员的意识和素质。

表 5-8　美日澳中小学教师培训方式比较

	中小学教师培训	培训机构与方式	教师训练教材
日本	由学校选派职务相关教师	地方教育机构，研习会与参观	地方机关与学校自编
澳大利亚	无指定，但鼓励取得相关证照	专门中心配合，主要为认证和研习	中心编制，学校修正
美国	各单位需有一定教师取得资格	专门中心，采认证和学分考核，时间较长	中心编制，学校修正

校外研修包括：不同地区防灾教育研修会；防灾教育推进指导员培养讲座；阪神·淡路大地震心理辅导担当教师研修会；地震·学校支援队（EARTH）训练·研修等；观摩人与防灾未来中心；在兵库县广域防灾中心开展的讲座；中心召开的讲座；取得防灾士资格证；参加地区综合防灾训练。校内研修包括：课程研究；实际技术讲习（心脏复苏法、应急处理、放松法等）；防灾设备、设施的检查和防灾器具的使用方法；EARTH 员和专家等的演讲；开发一些使用本地区素材的教材。

定期防灾与安全教育进修，日本许多学校规定新任教师需接受防灾教育研修课程，另外教学达一定年资，如满 6 年或 15 年时，也需再进修相关防灾教育之训练，以吸收新知并累增经验。校外专业研修，凡担任重要职务者（如保卫组长、防灾种子教师）需参加校外之专业训练，校内之研修，学校防灾委员会与学校安全会需定期办各类之研习活动，如各种防灾工具使用研习会、恳亲会所合办之地震防护公听会等。

校内研修包括以下内容。充实防灾教育：参加过地区防灾教育研修会的教员，向全体教员解释说明灾害图上训练（DIG）的同时展开研究课程。以研究部（研修部）为中心开展以活用地区素材的防灾教育的教材的开发，并进行相应的研究课程。确立防灾体制：由市街的防灾负责人对该市街的防灾体制和开设避难所步骤等进行说明，并进行开设避难所的模拟演示。在开展防灾训练之前首先要进行校内的安全检查和防灾设备的检查，也要对紧急用救生滑梯和屋内消防栓等设备的使用方法进行学习。提高防灾能力：由消防员来讲授 AED 的使用方法，并对心脏复苏法、三角巾的使用等应急处理进行实际操作。由临床心理专家对"灾害·事故以及儿童的心灵辅导"进行演讲，然后在专家的指导下对具体的事例进行研究分析。

5.4.2 培训案例

2008 汶川地震后，我国政府部门、相应社会组织开展了一些培训项目，根据研究材料来源可得的原则，研究选取了部分案例，因其具有一定影响力且取得一定效果。研究主要针对其课程设置进行分析。

关于灾害教育师资培训提供主体与形式，亚洲基金会、中国教育科学研究院曾开展"学校防灾减灾能力提升项目"，通过编撰防灾减灾教育教师读本，录制在线学习课程，组织相关专家赴江西省井冈山市、成都市、杭州市开展相关培训，提高学校管理者、教育者的防灾素养水平。壹基金雅安灾后重建项目，曾通过邀请专家学者开展培训，编写教材，志愿者参与"减灾小课堂"等形式，提高当地灾后教师灾害教育能力。相关部门应该尽早组织教师培训，灾害管理部门、大学等科研机构也应该积极参与其中。

综上所述，这些培训都有很多亮点，专家分别具有安全科学、教育学背景，取得较好效果，培训值得后续开展教师培训借鉴，但其侧重应急管理或安全管理，过于宏观，并未纳入灾害教育内容，而且主要针对学校管理者，广大的教师未接受此培训，难以把握教学实施环节，难以保证把灾害教育理念传达给学生。

我国台湾地区的此类师资培训包括：定期防灾与安全教育进修，许多学校规定新任教师需接受排定的防灾教育研修课程，另外教学达一定年资，如满 6 年或 15 年时，也需再进修相关防灾教育训练，以吸收新知并累增经验；校外专业研修，凡担任重要职务者（如卫保组长、防灾种子教师）需参加校外专业训练，如防火研习、心肺复苏（CPR）训练及防震研习；地区、相关机关研修，学校教师需配合、参加地方所举办的各种防灾演习及训练，如消防局之讲座、灾害体验学习会、地区整体防灾演练；校内研修，学校防灾委员会与学校安全会需定期办各类研习活动，如各种防灾工具使用研习会、恳亲会所合办之地震防护公听会等（许明阳，2003）。

地震局应该发挥主导作用，由于地震为群灾之首，且不可预测，与气象洪涝灾害、海洋灾害、生物灾害不同，掌握一定的防震减灾知识及技能可以有效降低地震灾害及次生灾害所带来的损失。总之，灾害管理部门、企业、基金会都应该积极参与防灾减灾能力提升建设项目，无论是提供资金、还是提供技术，防灾减灾需要社会各种力量为之贡献力量。

结合之前相关的培训案例分析可知，培训、专家讲座、防灾演练等都是较好的灾害教育师资培训形式。培训应重视防灾技能训练与防灾知识获取，积极运用参与式培训等形式。此外，还得重视灾害经历的传承、体验式教学方式的运用。关注落后地区，关注脆弱性，体现社会的公平正义。

5.4.3 几点建议

为了促进灾害教育的开展、保障灾害教育效果，必须尽快通过教师培训等措施提高教师防灾素养。研究者指出应该通过开展灾害教育师资培训、防灾素养调查推进灾害教育，在此提出几点建议：

第一，关于课程内容，灾害教育教师培训课程需要包括：灾害安全科学、地理学基础、教育学、心理学等知识。除了理论课程，还需要加大实践课程的力度，如小组制定防灾计划、参访灾害教育类场馆、防火研习、心肺复苏（CPR）训练及防震研习等。

第二，关于提供主体，教育主管部门应该尽早组织教师培训，也可以联合其他部门共同开展，大学等科研机构也应该积极参与其中。

第三，关于开展方式，培训、专家讲座、防灾演练等都是较好的灾害教育师资培训形式。重视防灾技能训练与防灾知识获取，此外，还得重视灾害经历的传承、体验式教学方式的运用。关注落后地区，关注脆弱性。

第四，关于教师资质，为了确保教师开展灾害教育的能力与效果，应在教师资格证考试引入对此部分的考查，或单独增设灾害教育教师资格，划分级别进行认定。我国台湾地区灾害教育师资分为三个层次，分别要求具有不同的能力，为高级：防灾信息提供者；防灾计划规划者；防灾教案评鉴者；中级防灾师资培训者。中级：防灾信息传递者；防灾计划应用者；防灾教案编写者；初级防灾师资培训者。初级：防灾信息分享者；防灾计划执行者；防灾教案使用者；灾害教育落实者。

第五，关于效果评价，可以通过防灾素养监测进行效果评价，也可以通过其他发展性评价方法，以此保障培训效果，促进灾害教育培训的可持续发展。

6 校园灾害管理实务

6.1 排查校园灾害隐患

生命是教育的根本，建设安全安心校园是素质教育的根本体现，体现了以人为本的发展理念。由此，学校除了开展应急演练、灾害教育外，学校应排查校园灾害隐患。做到安全不留死角，无论是从硬件上，还是软件上，都要考虑到灾害及风险的不确定性，做到万无一失。

排查灾害危险隐患是增强学校抵御风险能力的重要保障，它对于了解学校自身的防灾减灾能力具有重要的意义，主要包括建立灾害危险隐患清单、评估校园灾害安全等级，以及编制学校灾害风险地图。通过排查学校灾害隐患，一方面，可以了解学校在抵御灾害风险方面存在的漏洞，查漏补缺以便于有针对性地加强学校防灾能力建设；另一方面，可以建立学校灾害隐患数据库，便于学校管理部门在灾后及时掌握灾害信息，做出相应的部署，降低灾害造成的损失。

6.1.1 建立学校灾害隐患清单

6.1.1.1 教师授业

校园一般是认为很安全的场所，但是各类事故、灾害、安全事件频发，面对这些，我们可以做什么呢？首先，我们得知道灾害会给学校带来了什么影响？

> *活动*
> 根据致灾因子，分析它对学校可能产生哪些影响。
> 分配给你的致灾因子（地震、洪涝、雷电、野火等），对学校的潜在影响与下列对象相关：
> ◇人（学生、教师、管理人员、家长等）
> ◇基础设施和设备
> ◇受教育机会和教育质量

灾害危险隐患，是指可能导致灾害发生的各种因素的统称，具体包括自然灾害隐患，包括传染病在内的公共卫生隐患，学校内各种交通、治安、社会安全隐患，以及学校内潜在的供电、供水、供气和通讯等各类事故隐患。排查灾害隐患不仅仅针对自然灾害，还包括人为灾害。灾害是不能阻止的，但是其所带来的危害是可以减少的。

1. 学校常见自然灾害清单

"自然灾害"是人类依赖的自然界中所发生的异常现象，自然灾害对人类社会所造成的危害往往是触目惊心的。从科学的意义上认识这些灾害的发生、发展以及尽可能减小它们所造成的危害，已成国际社会共识。

自然灾害是指由于自然异常变化造成的人员伤亡、财产损失、社会失稳、资源破坏等现象或一系列事件。它的形成必须具备两个条件：一是要有人类破坏自然，导致自然异变作为诱因，二是要有受到损害的人、财产、资源作为承受灾害的客体。

中国是世界上自然灾害最严重的少数几个国家之一。中国的自然灾害种类多，发生频率高，灾情严重。中国幅员辽阔，地理气候条件复杂，自然灾害种类多且发生频繁，除现代火山活动导致的灾害外，几乎所有的自然灾害，如水灾、旱灾、地震、台风、风雹、雪灾、山体滑坡、泥石流、病虫害、森林火灾等，每年都有发生。

中国灾害的特点：灾害种类多、分布地域广、发生频率高、造成损失重。自然灾害分类是一个很复杂的问题，根据不同的考虑因素可以有许多不同的分类方法。例如根据其特点和灾害管理及减灾系统的不同，就可将自然灾害分为以下七大类：

（1）气象灾害。包括热带风暴、龙卷风、雷暴大风、干热风、暴雨、寒潮、冷害、霜冻、雹灾及干旱等；

（2）海洋灾害。包括风暴潮、海啸、潮灾、赤潮、海水入浸、海平面上升和海水回灌等；

（3）洪水灾害。包括洪涝、江河泛滥等；

（4）地质灾害。包括崩塌、滑坡、泥石流、地裂缝、火山、地面沉降、土地沙漠化、土地盐碱化、水土流失等；

（5）地震灾害。包括与地震引起的各种灾害以及由地震诱发的各种次生灾害，如沙土液化、喷沙冒水、城市大火、河流与水库决堤等。

（6）农作物灾害。包括农作物病虫害、鼠害、农业气象灾害、农业环境灾害等；

（7）森林灾害。包括森林病虫害、鼠害、森林火灾等。

也有学者按照地球的圈层结构，把自然灾害分为如下几类：指气象灾害，地震与地质灾害，海洋灾害和生物灾害。

气象灾害主要包括旱灾，热带气旋，寒潮，沙尘暴，暴雨洪涝等。它们发生在大气圈。

地震与地质灾害包括地震，火山，滑坡，泥石流，山崩，地裂，沉陷等，它们发生在岩石圈。

海洋灾害包括海啸，风暴潮，赤潮等，它们发生在水圈。

生物灾害包括虫灾，鼠灾，森林，草原火灾等，它们发生在生物圈。

由于我国处于地中海－喜马拉雅地震带以及环太平洋两大地震带交接地带，我国地震灾害频发且影响严重，由于地震不能被预测、带来伤亡较大，地震被称之为群灾之首；同时，我国三分之二的国土面积为山地，以滑坡、泥石流为主的地质灾害频发；加之，我国大部受季风气候影响，暴雨洪涝、干旱、冻雨、暴雪等灾害频发；传统意义上认为我国是陆地国家，我国有着漫长的海岸线、沿海省份众多，我国是海陆兼备的国家，也受海洋灾害的影响；最后，由于我国农业的重要地位、工业化进程中生态环境脆弱、全球变暖造成全球干旱高温，我国农业病虫害、干旱地区火灾等生物灾害频发。

所以影响学校的自然灾害主要有地震灾害，滑坡、泥石流、崩塌为主的地质灾害；台风、暴雨等气象洪涝灾害；沿海地区可能还受风暴潮、海啸等海洋灾害的影响。地处山区、林区的学校可能还面临生物灾害、野火的影响。

在建立灾害危险隐患清单时，要特别明确隐患可能发生的地点、类别、强度等因素，并配备专门的防灾责任人，建立如表 6-1 所示的灾害危险隐患清单。

表 6-1　校园灾害危险隐患清单

序号	灾害类别	危险等级	责任人	备注
1	地震			地震灾害本身不带来人员伤亡，主要是因为建筑物倒塌危机师生安全，排查建筑安全
2				
3				
4				

注：填表说明：①地点：用文字描述灾害危险点的详细地点。②灾害类别：包括自然灾害——地震、滑坡、泥石流、洪水等，如果还有其他类别可以自行添加。③强度级别分为 3 级：1 级为最危险，2 级为比较危险，3 级为一般危险。

2. 学校常见人为灾害清单

近年来，校园安全事故屡见不鲜。2006 年 10 月 25 日晚四川省巴中市通江县广纳镇小学四年级至六年级寄宿制学生晚自习结束后，在下楼梯时发生拥挤踩踏事故，造成 8 名学生死亡，45 名学生受伤。16 日上午，新疆生产建设兵团农一师第二中学附属小学学生在下楼参加升国旗仪式时，发生拥挤踩踏事故，造成 1 名学生死亡，12 名学生受伤；11 月 7 日凌晨，重庆市奉节县—无牌无证客货两用车在私自运送 27 名学生返校途中发生重大交通事故，车辆翻坠下高坡，造成奉节县吐祥中学、龙泉中学共 5 名学生死亡，3 名重伤。

时代的警钟在向我们呼唤，危险时时演绎，络绎的人生里，我们需要安全！安全重如泰山，安全事故主要由人为灾害造成，安全事故发生因素有：

（1）忽视安全教育。所谓安全教育，就是针对突发性事件、灾难性事件的应急应变能力，避免生命财产受到侵害的安全防范能力，以及法制观念、健康心理状态和抵御违法犯罪能力的教育。忽视安全教育给社会、高校以及人才培养带来极大的损失。

（2）安全稳定经费不落实，制度不健全，对基础设施安全隐患的整改不彻底。

（3）校园周边综合治理不够彻底，治安环境堪忧。学校安全管理不周全。某些学校领导对安全管理工作的重要性认识不够，安全管理体系不健全，安全管理制度不健全和未落实，主管部门的责任区分不明确。

针对火灾、重大交通事故、集体食物中毒、传染疾病、毒性化学物灾害、自伤自杀、爆裂物、人为破坏与失窃事件、校园侵扰事件、械斗凶杀与帮派斗殴事件、校园建筑设施伤害等常见校园灾害风险，列出学校常见人为灾害清单（表 6-2）。

表 6-2　校园常见人为灾害清单

序号	灾害类别	危险等级	责任人	备注
1	火灾			
2	交通事故			
3				
4				

注：填表说明：①地点：用文字描述灾害危险点的详细地点。②灾害类别：包括人为灾害——火灾、公共卫生事故、交通事故等如果还有其他类别可以自行添加。③强度级别分为 3 级：1 级为最危险，2 级为比较危险，3 级为一般危险。

3. 学校灾害脆弱人群清单

灾害脆弱人群主要包括老年人、小孩、孕妇、病患者、伤残者等弱势人员。学校灾害脆弱人员主要是青少年学生、儿童，特别是残障人士，灾害教育应关注弱势群体，关注脆弱性。除获取学校弱势群体清单外，也需要了解学校家庭情况、了解学校周边社区居民情况，方便灾后救灾策略的制订。同时还要确定对口帮扶弱势人员的负责人（表 6-3）。

表 6-3　学校灾害脆弱人群清单

序号	姓名	班级	责任人	备注
1	张三			
2				
3				
4				

注：填表说明：人口脆弱类别分为：①残障学生；②儿童；③留守家庭子女。请具体说明。

4. 学校脆弱住房、公共设施清单

　　学校脆弱住房主要指易受地震、滑坡、泥石流、台风、洪水、火灾等灾害影响的危房。在建立脆弱住房清单时，要针对房屋的类型、建筑年代、易损级别等作出特别的注释，同时要将脆弱建筑落实到责任人（表 6-4）。

　　目前校舍、公共场所存在的问题：

　　（1）校舍建设年代远、老化严重：目前作为教学楼使用的建筑部分已有四、五十年的历史，即将达到或达到其设计使用年限，但仍在使用。这类房屋的耐久性和安全性都大大降低，使用功能受到影响且存在较大安全隐患。如通过对天津市 58 栋教学楼的鉴定，发现 50% 左右的校舍建于 20 世纪 70 年代以前；建于 20 世纪 80−90 年代的占总建筑面积的 30.3%；另外，由于设计图纸缺失有一部分校舍建筑年代不详，有少部分校舍建于 2000 年以后。从建筑年代方面来看，部分校舍存在较大的安全隐患。

　　（2）部分校舍设计不合理：根据国家的抗震标准，部分校舍达不到抗震设防要求；部分校舍存在屋面漏雨、门窗破旧等现象；有的校舍基础、墙体、屋架等承重结构部件不合建筑规范，存在结构性缺陷；部分学校空间比较狭小，导致楼道狭窄、教室拥挤、操场存在安全隐患等。这些问题的存在，给学校校舍带来了较大的安全隐患。

表 6-4　针对各类灾害的学校危房清单

序号	建筑名称	年代	类型	易损级别	备注
1	实验楼				抗震加固
2					
3					
4					

注：填表说明：①房屋类型分为土木结构、砖木结构、砖混结构、砖砌体、钢混结构等。②房屋易损级别分为 1、2、3 三级，其中 1 级为最容易损坏，3 级为最不容易损坏。

表 6-5　学校灾害脆弱公共设施（包括学校内的道路、广场、围墙等公共设施）

序号	设施名称	年代	类型	易损级别	备注
1	围墙				抗震加固
2					
3					
4					

注：填表说明：①建筑类型分为土木结构、砖木结构、砖混结构、砖砌体、钢混结构等。②易损级别分为 1、2、3 三级，其中 1 级为最容易损坏，3 级为最不容易损坏。

6.1.1.2　能力拓展

为了确保校舍、公共场所安全，你有哪些建议？请把它们记下来。

	我的校园防灾安全建议
建议 1	列出学校灾害隐患清单，要求学校定期维修、检查
建议 2	组织学生进行防震减灾、防火疏散演习
建议 3	组织关于地震、火灾等灾害的知识竞赛
建议 4	

找一找：你的学校存在哪些安全隐患？请填写。

隐患 1	私拉乱接电线，宿舍使用大功率电器
隐患 2	消防通道堵塞
隐患 3	电梯安检不定期
隐患 4	
隐患 5	

6.1.1.3　知识链接

开展研究性学习，主题为校园灾害隐患调查研究。

课题名称		校园灾害隐患调查研究
人员构成	组长	
	组员	
	导师	
选题缘起		随着社会的发展，校园中存在的安全隐患关注度也越来越高。如何正确的引导中学生，树立正确的安全观念十分重要
研究目的		√了解现代中学生受到灾害教育的情况 √希望通过此调查能使家长和同学开始关注防灾安全教育 √走出社会，保障自身安全。 √学会发现存在的灾害隐患，并规避风险
研究内容		❖防灾减灾"的基本内容 ❖防灾安全知识普及情况 ❖未进行防灾安全教育所带来的各方面的问题及影响 ❖学校、老师、家长、同学对"灾害隐患"的看法 ❖灾害教育的方式、途径、问题
研究方法		◇查阅相关图书和报刊 ◇搜索网上相关资料，进行下载 ◇进行问卷调查并统计调查数据 ◇对相关人员进行访谈 ◇讨论调查成果，得出结论

6.1.2 评估校园灾害风险

活动：召开学校防灾小组会议

1. 探讨学校集体容易受那些灾害的影响？危险程度如何？

2. 针对学校的建筑物、基础设施存在的问题，排查灾害、安全、风险隐患。然后讨论这些问题的解决途径。

3. 探讨如何在学校减轻灾害风险、评估校园灾害风险等级。

6.1.2.1 教师授业

风险：风险一直伴随着人类存在，人类的每一个决定或行动实际上都承担着一定的风险。学术界关于风险（risk）的讨论，最早可见于 19 世纪末的经济学研究中。美国学者 J. Haynes 在其 1895 年所著的 Risk as an Economic Factor 一书中认为：风险意味着损害的可能性（苏桂武，2003）。随后，一系列关于风险的概念相继被提出，虽然不同学科对风险有不同的理解和定义，但在一点上却是统一的，即风险总是与"损失或破坏、不利后果或人们（即风险承担者）不希望出现、不愿意接受的事物"的潜在威胁相联系，且潜在威胁的出现具有不确定性。在灾害学领域，风险被认为是自然灾害危险性、暴露性以及承灾体脆弱性共同作用的结果（UNDRO，1991；Alexander，2000；Mechler，2004）。

1. 自然灾害风险

由于风险概念的广泛性和不确定性，国内有些学者在研究文献中只把分析得出的灾害发生因子的不确定性当作灾害风险，或只把灾害造成的损失程度当作风险，这样都不全面，更多的仍然是集中在从自然属性和社会属性两方面进行综合评价。自然灾害研究中通常认为灾害风险指的是灾害活动及其对人类生命财产破坏的可能。自然灾害风险评价应包括以下内容。

（1）自然灾害危险性评价：强度、概率；

（2）承灾体易损性评价：承受能力、破坏状态、破坏损失率－密度、价值、质量；

（3）防灾有效度评价：防护工程防灾能力；

（4）风险程度综合评价。

简单的说，如图 6-1 所示"石头－钩子－风－工人"系统的未来情景就是风险。钩子挂着石头比较危险。有风吹来就可能吹落石头。工人在石头下工作就有面临危险。石头是致灾因子，钩子是危险物，工人是承灾体。

图 6-1 "石头-钩子-风-工人"系统

2. 简易灾害风险评估

灾害风险综合评估，即要评估灾区的综合灾害风险，辨识高风险区及其风险程度，划分人类居住适宜区和非适宜区。相对于某些发达国家，我国的灾害风险综合评估做得还不够：如果有灾害风险评估等级图，学校建设之初就可能有效地规避风险，如学校工程建设应该开展地震安全性评价，避让活断层。

鉴于灾害风险评估存在各种不同的标准，并没有统一的标准，有的标准用乘法，有的标准用加法，其公式均比较复杂，实践中难以操作，但各种灾害风险评估所采用的理论依据则是相通的，参见图6-2。

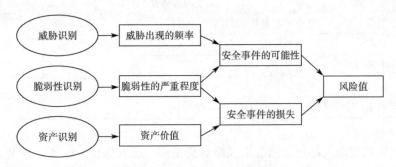

图 6-2　灾害风险评估理论依据

灾害风险分析：认识项目可能存在的潜在风险因素，估计这些因素发生的可能性及由此造成的影响，分析为防止或减少不利影响而采取对策的一系列活动。它包括灾害风险识别、灾害风险估计、灾害风险评价与灾害对策研究四个基本阶段（图6-3）。

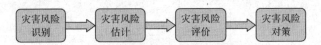

图 6-3　灾害风险分析的四个阶段

评估校园灾害风险等级，应首先从认识风险特征入手去识别风险因素；然后选择适当的方法估计风险发生的可能性及其影响；其次，评价风险程度，包括单个风险因素风险程度估计和对项目整体风险程度估计；最后，提出针对性的风险对策，将项目风险进行归纳，提出风险分析结论。

按照灾害风险发生后对学校的影响大小，可以划分为五个影响等级。表6-6所示。

表 6-6　灾害风险的影响

影响等级	对项目目标影响程度	表示
严重影响	灾害损失非常大，楼房倒塌，人员伤亡惨重	S
较大影响	灾害损失较大，影响教学秩序，无人员伤亡	H
中等影响	灾害损失较小，不影响学校教学正常开展	M
较小影响	灾害损失非常小，较小的安全事故	L
可忽略影响	灾害没有带来任何损失	N

按照灾害风险因素发生的可能性，可以将灾害风险概率划分为五个档次，如表6-7所示。

表 6-7 灾害风险的概率档次

概率等级	发生的可能性	表示
很高	很有可能发生，81%～100%	S
较高	可能性较大，61%～80%	H
中等	预期发生，41%～60%	M
较低	不可能发生，21%～40%	L
很低	非常不可能发生，0～20%	N

　　灾害风险的大小可以用灾害风险评价矩阵，也称概率-影响矩阵来表示。它以灾害风险因素发生的概率为横坐标，以灾害风险因素发生后对学校的影响大小为纵坐标，如图 6-4。

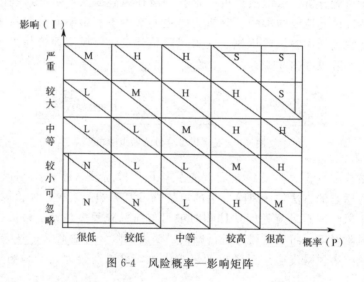

图 6-4 风险概率-影响矩阵

　　确定风险等级如表 6-8 所示。

表 6-8 风险等级

风险等级	发生的可能性和后果	表示
重大风险	可能性较大，损失大，需要采取积极有效的防范措施	S
较大风险	可能性较大，或者损失较大，损失是可以承受的，必须采取一定的防范措施	H
一般风险	可能性不大，或者损失不大，一般不会影响学校教学秩序，应采取一定的防范措施	M
较小风险	可能性较小，或者损失较小，不影响学校教学秩序	L
微小风险	可能性很小，且损失较小，对学校教学秩序的影响很小	N

6.1.2.2 能力拓展

　　根据学校所在地区自然条件、学校所处区位、既往灾害历史，判断灾害概率和影响等级，评估校园灾害风险等级（地震灾害、气象洪涝灾害、火灾等）。

灾害风险各项	校园洪水灾害影响概率	校园洪水灾害概率等级	校园洪水灾害风险等级
本地暴雨洪涝灾害多发吗？			
学校是否位于河流、湖泊低洼地带？			
学校建筑有无考虑防汛？			
有无开展演练？			
历史上有发生大洪水吗？			

灾害风险各项	校园地震灾害影响概率	校园地震灾害概率等级	校园地震灾害风险等级
本地地震灾害多发吗？			
学校是否位于山脚、坡地地带？			
学校建筑有无考虑防震？			
有无开展演练？			

灾害风险各项	校园火灾灾害影响概率	校园火灾灾害概率等级	校园火灾灾害风险等级
本地火灾灾害多发吗？			
学校建筑有无考虑防火？			
有无开展消防演练？			
历史上有发生火灾吗？			

6.1.2.3 知识链接

　　灾害会带来人员伤亡、财产损失以及生态环境破坏，根据其破坏程度，国家标准给出了灾害成灾等划分标准。

灾害种类	成灾等划分					来源
地质灾害	灾度等级	特大灾害	大灾害	中灾害	小灾害	本标准
	死亡划分指标损失	>100 人 >1000 万元	100~10 人 1000~ 500 万元	10~1 人 500~ 50 万元	0 人 <50 万元	
地震灾害	灾度等级	特大破坏性地震	严重破坏性地震	中等破坏性地震	一股破坏性地震	国家地震局 (1991)
	十到数百人 1 亿元以下	死亡划分指标损失	万人以上 >30 亿元以上	数百到致千人 5~30 亿元	十到数百人 1~5 亿元	
洪水灾害	成灾等级	巨灾 >1 万人	重灾 15~1 千人	中灾 1000~ 100 人	轻灾 100~ 10 人	弱灾 <10 人	王劲峰等 (1993)
	死亡划分指标损失	>10 亿元	1~ 10 亿元	1 亿~ 1000 万	1000~ 100 万元	<100 万元	
风暴潮灾害	成灾等级	特大潮灾	较大潮灾	一般潮灾	轻度潮灾	杨华庭等 (1993)
	死亡划分指标损失	千人以上 数亿元	数百人 1~ 0.2 亿元	数十人 千万元	少量 数百万元 以下	
森林火灾	灾度等级	IV 级	III 级	II 级	I 级	林业部 (1995)
	划分指标损失	100 万元 以上	50~ 100 万元	50~ 10 万元	10 万元 以下	

6.1.3 编制学校灾害风险地图

6.1.3.1 教师授业

1. 为什么需要灾害风险分布图？

　　学校是人员密集场所，学生是灾害易损对象，师生需要明确包括灾害风险地图，以明确灾害潜在危险，首先得明确是哪几种灾害频发？灾害来了如何躲避？不同灾害对人员、学校建筑的影响有何不同？

2. 灾害风险分布图有哪些内容？

　　学校灾害风险地图制作流程如下，选取覆盖学校范围的地图，基于灾害隐患排查、风险等级评估通过实地调查、师生参与式填表、制图等手段编制包括灾害危险类型、灾害危险区、救灾资源及应急避险点空间分布的图件，同时可用相应的符号标示出灾害危险强度或等级、灾害易发时间、强度等。也可以认为灾害风险分布图是灾害隐患清单与灾害风险等级评估在地图上的表示。

3. 如何绘制灾害风险分布图？

学校灾害风险地图可以通过 GIS 软件，实现不同图层的叠加。同时也可以手工绘制学校平面图，在学校灾害隐患排查的基础上，找出重点地区；针对频发灾害，绘制疏散通道，绘制物质储备地；标出灾害危险区、安全区；用符号表示灾害强度、容易发生时间、强度等信息，做到一目了然，这一切都需要在数据真实可信，有着自己调查、经验的基础上开展。

如地震灾害主要通过建筑物破坏来造成人员伤亡，所以可以根据建筑质量调查、历史地震发生情况、区域地震烈度图等信息来明确地震灾害风险？

洪水得达到一定高度才能淹没校区，学校地势等高线图、结合洪水淹没地图来了解历史最高洪水水位是否可能危及校园安全？

6.1.3.2　能力拓展

活动：绘制学校灾害风险分布图

目的：通过建立学生自主了解学校及周边环境，绘制地图，了解校区高发灾害的类型、时间及强度，做到"知己知彼"，一边灾害来临时应该选择的逃生路径和避难场所，达到减少人员伤亡的作用。

材料：绘图用纸张、彩色笔等绘图工具，资料。

学校灾害风险分布图应该包括安全区与疏散路径、灾害类型及强度学校安全中心电话、急救电话等。

6.1.3.3　知识链接

据新华社北京 5 月 10 日电记者 10 日从此间获悉，《中国自然灾害风险地图集》近日在京发布。

以地震灾害为例。根据地图集，我国的地震灾害风险主要分布在燕山与太行山东侧的断裂带、郯庐断裂带、汾渭盆地、银川至昆明的南北断裂带、横断山区、天山南北侧断裂带等地质构造活动较为频繁的相对高风险的地区。

该地图集中"中国综合自然灾害相对风险等级图"显示，全国风险等级呈现出"东部高于中部、中部高于西部"的格局。

6.2　组织灾害应急演练

6.2.1　编制学校灾害应急预案

6.2.1.1　编制方法

学校应急预案的制订是一个相对专业的环节，不仅需要专家的意见，还需要学校师生的协助。只有在形成一个自下而上的参与式工作体制后，才能制订出符合师生切身利益的应急预案。

第一步，收集和整理学校的相关信息。通过实地访谈、问卷调查等方法，对学校灾害历史、居民的防灾意识等进行初步了解。第二步，绘制灾害风险与应急救助资源分布图。包括灾害危险分布图、脆弱人群与房屋分布图以及应急救助物资与转移安置点分布图等。第三步，建立灾害应急救助机构。具体包括应急救助领导小组、灾害巡查队、转移安置队、物资保障队、医疗救助队等工作队。第四步，对灾害应急救助进行分级。并制订启动标准。通常制订三级响应，启动标准应简单易懂。第五步，对灾害应急救助的职责进行分工（图6-5）。

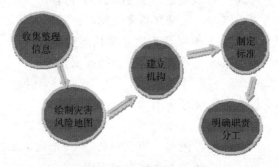

图 6-5　应急预案编制步骤

6.2.1.2　各级学校校园灾害防救计划框架

1. 学校概况资料

应包含校名、校址及电话、校长姓名、教师及值员工人数、班级数及学生人数（含身心障碍者）、建筑物栋数及各类教室数等。

2. 校园灾害防救计划书

（1）计划拟定：包含计划依据、计划目的、计划对策或措施（计划重点内容或适用范围）、计划检讨修正之时期及时机。

（2）减灾与整备：包含校园灾害防救计划研拟（推动小组组成及灾害特性与风险评估）、校园灾害防救应变组织（任务分工及启动时机、设立及运作）、灾害防救数据搜集（地理位置、交通与环境概况、平面配置与空间规划、疏散路线、建物基本数据与定期检查设施及设备、灾害特性分析、安全管制措施、灾害防救教育训练、经费编列等）。

（3）灾害应变：依灾害类别分别撰写专篇内容。

以地震灾害篇为例：针对校园面临可能的地震灾害，依据前一节之资料，应针对灾害通报流程、应变程序、避难疏散规划、应变器材及资源、应变教育训练、应变演练等项目加以研拟。

以火灾灾害篇为例：针对校园可能发生的火灾灾害，依据前一节之资料，应针对灾害通报流程、应变程序、避难疏散规划、应变器材及资源、应变教育训练、应变演练等项目加以研拟。

以交通事故篇为例：针对校园面临可能的交通事故灾害，依据前一节之资料，应针对灾害通报流程、应变程序、避难疏散规划、应变器材及资源、应变教育训练、应变演练等项目加以研拟。其他灾害类别比照前述方式办理。

（4）灾害复原计划：依灾害类别分别撰写专篇内容。

以地震灾害篇为例：针对学校灾害事故解除后，后续灾情之勘查、事故之调查及紧急复原处置工作等项目加以研拟。

以火灾灾害篇为例：针对学校灾害事故解除后，后续灾情之勘查、事故之调查及紧急复原处置工作等项目加以研拟。

以交通事故篇为例：针对学校灾害事故解除后，后续灾情之勘查、事故之调查及紧急复原处置工作等项目加以研拟。

其他灾害类别比照前述方式办理。

（5）计划绩效考核：包含订定自我考核及绩效评估方法。

（6）其他：包含针对校园灾害防救计划的补充说明。

校园灾害防救计划的主要内容项目如上所述。

6.2.1.3 活动：制作应急卡片

目的：通过建立学生自身携带的安全证，掌握在紧急遇险时的逃生技巧和逃生路线。

材料：长6～8厘米，宽5厘米的硬纸片、寸照、黑色签字笔、硬套、挂绳。

应急卡片要包括学生姓名、性别、血型、第一责任人、学校安全中心电话、急救电话、安全撤离路线等。

家庭成员信息卡				
姓名	年龄	血型		
家庭住址				
家庭其他成员				
紧急联络人				
既往病史				

活动：编制学校防灾计划、应急疏散预案

目的：树立灾害重在预防的观念，了解学校潜在的灾害风险，做好如何应对的工作，做到有备无患。

6.2.1.4　附录：中小学突发事件应急疏散预案编制指南

第一条　编制目的。为加强中小学安全教育和管理，广泛深入地开展应急疏散工作，确保突发事件发生后应急处置工作迅速、高效、有序地进行，最大限度地减少人员伤亡和财产损失，维护社会稳定，促进社会和谐。

第二条　编制依据。根据《中小学公共安全教育指导纲要》、省、市、县（市、区）突发事件总体应急预案及有关专项应急预案，结合本校实际，制定突发事件应急疏散预案（以下简称"预案"）。

第三条　适用范围。本预案适用于学校各部门及全体师生应对突发事件的应急疏散。

第四条　工作原则。坚持以人为本、预防为主的方针，按照"统一指挥、分工负责，反应迅速、措施落实、安全有序"原则，开展在校师生的应急疏散工作。

第五条　启动条件。学校周边地区和校园内发生或可能发生突发事件需要疏散时，立即启动本预案。

第六条　组织机构及职责。学校成立突发事件应急疏散工作领导小组（以下简称领导小组。应急状态下，转为应急疏散指挥部）全面负责学校应急疏散工作。领导小组下设办公室、疏散引导组、抢险救护组、后勤保障组、善后工作组等。

领导小组组长（应急疏散总指挥）：校长

副组长（应急疏散副总指挥）：副校长、教务主任

成员：各级部主任、班主任，辅导员

领导小组下设的办公室、疏散引导组、抢险救护组、后勤保障组、善后工作组负责人及组成人员，视本学校情况自行确定。应急疏散总指挥不在位时，副总指挥代行总指挥职责。

一、领导小组职责：

1. 全面负责学校突发事件应急疏散工作，进行应急知识的宣传教育，培养师生的安全意识和自救互救能力；

2. 执行上级有关指示和命令，领导小组成员按其所在部门的职能、职责各负其责，认真做好应急疏散工作；

3. 合理划定学校及周边应急疏散场地（避险场所）、疏散通道，制定明确的应急疏散信号，设立应急疏散指示标牌，教育学生熟悉和掌握应急疏散预案；

4. 接到预警时，负责对学生进行应急避险知识的强化宣传，组织学校师生安全有序疏散；突发事件发生时，按照分工和职责，迅速开展应急抢险和疏散工作，最大限度地减少人员伤亡和财产损失；

5. 及时调查、统计和报告人员伤亡和财产损失等情况；

6. 妥善做好突发事件的善后工作。

二、领导小组下设各组职责：

（一）办公室职责：

1. 承担领导小组的日常事务；2. 制定（修订）学校应急疏散预案、应急疏散演练方案和工作程序；3. 协调各工作组之间的工作；4. 负责组织应急知识的宣传教育，组织应急疏散演练；5. 安排应急期间值班工作；6. 完成领导小组交办的其他工作。

（二）疏散引导组职责：

1. 负责组织师生快速、安全、有序疏散；

2. 结合学校应急避险场所、应急疏散通道，编制张贴学校应急疏散平面图、各班级疏散路线等；

3. 做好残疾学生疏散工作，并妥善安置受伤师生。

（三）抢险救护组职责：

1. 第一时间组织实施自救互救，抢救遇险师生；

2. 视情抢救重要财产、重要档案等；

3. 负责轻伤员临时救治、联系急救中心抢救伤员；

4. 负责预防次生灾害的发生。

（四）后勤保障组职责：

1. 负责学校治安保卫工作，维护应急疏散秩序；

2. 妥善安排学生生活保障等工作；

3. 尽快恢复被破坏的供水、供电等设施；

4. 及时调度应急物资和资金；

5. 协助开展伤员救治和次生灾害处置工作。

（五）善后工作组职责：

1. 及时调查、统计和报告人员伤亡和财产损失等情况；

2. 妥善处理伤亡师生的善后工作。

第七条 健全制度，明确责任。建立健全包括应急知识宣传、日常值班、应急疏散演练等各项规章制度，落实应急疏散岗位责任制，做到分工明确、责任到人。制订不同时间和条件下的应急疏散程序。

第八条 应急疏散准备。

1. 利用现有的宣传阵地和载体宣传应急知识，使全体师生熟悉应急疏散预案，掌握应急避险技能。

2. 领导小组成员按照职责分工做好各项应急疏散准备工作。制定安全保障措施，加强对重点部位、设施、路线等安全检查。

3. 在校园内显要位置张贴应急疏散路线图、避险场地示意图，设立疏散指示标识等。

4. 明确各楼层、各班级、各学生小组的具体负责人，熟知应急疏散场地（避险场所）、疏散路线和其他相关注意事项。疏散路线及各类标识应充分考虑不同年龄段的学生特点。

5. 残疾学生要安排专人负责。

第九条　应急疏散反应。当突发事件发生后，应急疏散指挥部统一指挥、协调师生疏散、抢险救护、后勤保障、善后处置等应急处置工作。

1. 应急疏散指挥部立即部署、协调和开展应急疏散工作。

2. 疏散引导组立即组织师生疏散转移至安全区域。到达指定区域后，清点人数，妥善安置受伤师生。在疏散转移时，应采取必要的防护、救护措施。

3. 抢险救护组应立即组织开展自救互救，组织校区内搜救工作，并对需要救治的伤病员组织现场抢救。协助专业救援队伍开展现场救援。

4. 后勤保障组检查并排除安全隐患，尽快恢复学校基础设施功能；协助专业救援队伍保护校内重点资料、重要设施。及时调度应急物资和资金，妥善安排师生的生活。协助加强治安管理，维护应急疏散秩序。

5. 善后工作组及时调查、统计和报告人员伤亡和财产损失等情况；妥善处理伤亡师生的善后工作。

6. 应急疏散结束后，应急疏散指挥部应采取措施，尽快恢复正常的学校秩序。

第十条　责任与奖惩。应急疏散工作实行校长负责制和责任追究制，建立奖惩制度。

第十一条　预案的演练、培训与管理。根据本预案，制定应急疏散演练方案，定期开展应急疏散演练；加强对师生的应急疏散知识和技能的培训，培养其安全防范意识和应急处置能力；根据实际情况变化，及时修订本预案。

6.2.2　开展灾害应急演练活动

6.2.2.1　教师授业

1. 演练前应注意的问题－预案

调查显示目前学校防灾演练有三种情况：有计划、无演练；无计划、有演练；无计划、无演练三种情况。大多数学校应急演练开展情况较好，但是大多数学校尚无应急预案，专门的应急演练预案较少。

演练活动应密切联系预案，目标明确，指挥有序；针对各类脆弱人群；师生参与程度高，与学校内单位、社会组织或志愿者互动，多方广泛参与。

学校应急演练是提升学校应急能力的关键。学校应急演练通常需要编制演练脚本。演练脚本是指导应急演练实施的核心文字资料：包括演练的背景介绍、场景、旁白以及演练的主要内容等。编写一份规范可行的脚本。应注意如下几点学校应急演练脚本，要严格依据本学校的应急预案进行编写。首先，要对预案中涉及的自然或事故灾害风险分布、灾害应急救助机构、人员分工、分级响应流程等要素形成整体、全面的认识。对区域内的危险点进行详细的实地调研。其次，针对当地最有可能发生的灾害或事故类型进行脚本的设计，保证其"科学严谨、有据可依"。

在演练脚本编写过程中，应随时同学校居民进行沟通，广泛听取意见和建议，不断对脚本进行修改完善，力求符合当地的实际情况。

为提高演练脚本的适用性和可复制性，设计中可采用具有普遍性的流程框架，而在实施细节中则可结合地方特点，做到"客观真实、普特结合"。

完成学校演练脚本编写工作后，可通过"预演"对脚本的可操作性进行检验。

在演练过程中，要注意协调好各方面的关系：本着本土化、科学性和实用性的原则开展演练。"本土化"是指演练要尽可能的低投入、少装备，利用本地资源，"科学性"是指要以灾情为基础、预案为依据，"实用性"是指易操作、可复制。

设计演练情景时，要立足于学校的实际情况，通过查阅资料、实地调查等方式对当地危险、危害因素的分布及安全生产状况形成整体、全面的认识，讨论确认当地最有可能发生的灾害或事故类型。

一个完整应急演练的人员组成：应该包括演练人员、控制人员、模拟人员、评估人员和观摩人员等五类。各类人员的职能划分必须清晰。

2. 演练中应注意的问题—实践

> 活动1：地震逃生演练
> 活动2：恶劣天气逃生技巧学习及模拟演练
> 活动3：洪水、海啸逃生技巧学习及模拟演练
> 活动4：泥石流、塌方逃生技巧学习及模拟演练
> 活动5：火灾逃生演练
> 活动6：有毒气体泄漏逃生技巧学习及模拟演练
> 逃生要点
> 警铃响起时不要慌张逃窜，应听从老师安排抱头靠在桌边或墙边。
> 撤离过程应按规定线路疏散，不得串线，不得擅自脱离队伍。
> 疏散过程中，也应用双手护头，以防被砸。
> 疏散过程，要迅速，应自行成队有秩序撤离，但不要慌乱奔跑，更不要争先恐后。
> 学生到达集中地点后，应保持镇静，听从老师指挥。

3. 演练后应注意的问题－反思

只有通过开展应急演练，才能进一步明确在应急预案和管理体系中存在

的问题，并针对这些问题做出有效的改进。按照学校应急预案开展应急演练活动，是对学校应急管理体系的最好的检验方式。

及时总结，不要怕出问题。及时总结经验教训，开展评估：演练活动过程有文字、照片、录音或者录像记录；演练活动效果有师生满意度访谈或者调查；针对演练发现的问题，有改进方案等。可填写如下表格作为存档记录。

应急预案名称		评审时间	评审地点
预案评审			
评审内容			
评审概况			
评审结果			
评审人员			

6.2.2.2 能力拓展

活动：呼救急救

活动目标：学会在紧急情况下如何呼救，以赢得最佳救援时间。

时间：15 分钟

◇110 报警服务电话

报警时请讲清案发的时间、方位，您的姓名及联系方式等。如对案发地不熟悉，可提供现场附近具有明显标志的建筑物、大型场所、公交车站、单位名称等。

报警后，要保护现场，以便民警到场后提取物证、痕迹。

未成年人遇到刑事案件时，应首先保护好自身安全。

◇119 报警服务电话

拨打 119 时，必须准确报出失火方位。如果不知道失火地点名称，也应尽可能说清楚周围明显的标志，如建筑物等。

尽量讲清楚起火部位、着火物资、火势大小、是否有人被困等情况。未成年人不要主动参加扑火活动。

◇120 报警服务电话

拨通电话之后，应说清病人的所在方位、年龄、性别和病情。如果不知道确切的地址，应说明大致的方位，比如在哪条大街、哪个方向、哪幢建筑物附近等。

尽可能说明病人典型的发病表现。

尽可能说明病人患病或受伤的时间。如果是意外伤害，要说明伤害的性质，如触电、爆炸、塌方、溺水、火灾、中毒、交通事故等，并报告受害人受伤的身体部位和情况。

尽可能说明您的特殊需要，并了解清楚救护车到达的大致时间，准备接车。

活动：制作应急包

家庭急救包小常识

家庭应急包里应放有身份证件、逃生绳、常用药品、食物、换洗衣物、锤子、电池、手电筒、针线、纸笔、地图、多用刀、纸巾、毛巾、指南针等物品。

6.3 绘制校园防灾地图

6.3.1 教师授业

6.3.1.1 什么是防灾地图？

什么是防灾地图呢？地图可分为一般地图与主题地图，防灾地图属于主题地图的一种，其是为了到达防灾减灾的目的，通过调查搜集资料、绘制而成表示灾害风险分布、逃生路线、安全地点的地图。防灾地图表示区域具有不同尺度，淡化无关地理要素。防灾地图可以分为专业层面、一般意义的防灾地图，前者表示灾害风险（地震、洪水、滑坡、泥石流、雪灾、火山、海啸、核电事故等）的区域分布特征，并可与地质图、地形图等叠加；后者针对不同灾害应对的逃生路线、安全地点地图，表现形式多样、资料翔实、颜色对比明显，通俗易读，多以小区域、大比例尺出现，如旅游区防灾地图，见图 6-6，图 6-7。

图 6-6 学生绘制的松本旅游地图

通过绘制、使用防灾地图可提高公民的灾害应对能力、防灾素养以及地图素养。公众如能把防灾地图内化成脑中地图、心理地图，当灾害来临时，便能快速正确选择逃生路线，在最短的时间内，到达安全场所。日本等国由于灾害多发、防灾素养较高，其对防灾地图重视程度较高，人群密集地区、旅游地都有相对应的防灾地图设置，居民地也分发有该区域防灾地图，政府网站也可以下载相应的电

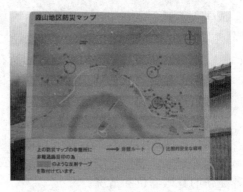

图 6-7　日本四国森山地区防灾地图

子防灾地图，以实现快速疏散，确保生命安全。值得一提的是，日本旭川儿童环境地图比赛 2012 年度的指定主题就是"防灾"（具体可参见地理奥赛网），之前几年的主题有环境中的石头、花、垃圾桶、树木等，这也使得我们思考改变忌讳谈灾害的传统文化，灾害、风险与其他自然现象一样始终存在于自然与人类社会中，人类只有真正认识、了解它之后，才能应对自如，而不是一味逃避和盲目乐观、漠视。

6.3.1.2　如何绘制？

除了政府、研究机构绘制外，公民也可以积极参与，自主绘制社区、学校防灾地图，如图 6-8 的东京都新宿区防灾地图，不同地区应选择不同的应急避难场所，其根据距离、交通等因素绘制，确保公民能在最短时间到达避难场所。防灾地图与应急避难包一样重要。

图 6-8　东京都新宿防灾地图

那么如何绘制呢？首先应明确选题、区域尺度与方法。

（1）选题，明确灾种，是针对地震、洪水还是海啸等；是针对防灾工程措施还是其他；是灾害风险分布图还是逃生图。

（2）明确区域范围，（社区、学校等）。

（3）调查方法，实地调查、或是使用航拍、卫星地图。绘制人应从身边的环境、兴趣和主题入手，充分利用五官感知、适当使用相关仪器。准备调查所需的地图和用具，思考整个地图制作的进程，确定在户外进行调查的步骤，使用怎样的比例尺等等。

防灾地图制作流程为：

制定计划（选题）；

资料收集（底图、基本信息）；

调查准备（途径、工具、路线；

调查记录（标记、拍照、采样）；

地图绘制（表现形式），住民参与绘制较佳，这与防灾小组会议一样，可以调动参与成员积极性，实现真正意义的防灾减灾公众参与。

防灾地图须有：避难场所名称、地点、可容纳避灾人数等避灾能力信息等，有合理明晰的避难路线；避难场明确标注了紧急救助、安置、医疗等功能分区。

6.3.1.3　如何使用？

注意地图的几大要素，如方向标、比例尺等要素，根据逃生路线实现有序撤离、避免盲从、避免伤害。

鼓励社区居民、学校师生自主绘制当地防灾地图，促进其转化为脑中地图。

外来者的使用，由于外来者对于情况陌生使其更具有脆弱性，应在醒目地方设置防灾地图；应出版外文版的防灾地图并免费发放；条件具备的话，应出版相应配套防灾手册，也可以把相关信息集成于地图 6-9。

应设置与地图逃生路线相应的标识，以实现快速有

图 6-9　京都府防灾手册

效撤离（图 6-10）。

图 6-10　美国波特兰西海岸的海啸逃生指示牌

6.3.2　能力拓展

活动：绘制学校安全逃生路线图

目的：通过建立学生自主了解学校及周边环境，绘制地图，了解灾害来临时应该选择的逃生路径和避难场所，达到减少人员伤亡的作用。

材料：绘图用纸张、彩色笔等绘图工具。

安全逃生路线图应该包括安全区与疏散路径、学校安全中心电话、急救电话等（图 6-11）。

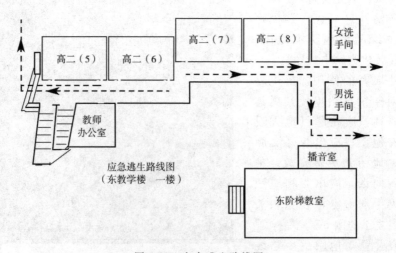

图 6-11　安全逃生路线图

7　公众灾害教育开展模式

如何开展公众灾害教育，提高全民防灾素养是一个亟待研究的课题，研究者从开展模式等方面提供了一些思路。除对学校灾害教育进行研究外，按照灾害教育体系的划分，还需对我国公众灾害教育开展模式进行了探索。已有研究忽视公众灾害教育理论与实践研究、重视学校层面的开展。我国公众灾害教育状况并不理想，其研究尚不深入，多只停留在表面。故需进行公众灾害教育研究，二者并重，尝试提出基于案例研究的公众灾害教育开展模式，分别从实施主体、途径与方法来探讨，分析不同实施主体的价值，以促进公众灾害教育的实践。构建学生—家庭—社会"三位一体"、学校教育与公众教育"双核互动"的灾害教育体系。

7.1　公众灾害教育文献综述

自然灾害是人类面临的重大问题之一，严重影响了社会发展和人们的生活，所以国际上一直致力于减轻自然灾害，重视灾害教育。总体来说，国际上灾害教育开展早于我国，研究也较国内灾害教育研究更成熟。

7.1.1　公众灾害教育现状

7.1.1.1　国外公众灾害教育

国外许多国家已经形成了独具特色、行之有效的灾害教育体系，其中面向公众的灾害教育是灾害教育体系的重要组成部分，国内有部分学者对其进行了研究（王民等，2011）。国外公众灾害教育的实践非常具借鉴意义。

美国长期以来都很重视公众灾害教育，其特点是构建"防灾型社区"，以社区为单位传授公众灾害的知识和技能，建立社区组织及个人的防救灾理念，以提升整个社会的防救灾管理水平。早在 1985 年，美国洛杉矶消防局就成立了社区灾害反映和救助队伍向所有市民提供救灾培训，并且制定有详细的救灾培训计划；"9·11"事件后，美国政府愈加积极推动建立以"防灾型社区"为中心的公众安全文化教育体系，建立并提升社区在背灾、御灾、灾后修复与重建三大方面的能力；此体系鼓励普通民众组成"社区应急反应队"，并且对反应队的培训时间和内容都有详细具体的规定，如规定反应队的培训时间需要 7 个星期，每周至少要培训一个小时，培训的具体内容包括灾难预备、灭火、灾难医疗救护、轻度搜索和营救行动、灾难心理和搜救队的组织、课程复习和灾难模拟等项目。美国利用多种手段进行公众灾害教育的宣传：如美国联邦应急管理局（FEMA）的官方网站上设立了专门的灾害知识版块，且对对象的年龄、文化程度有所区分，有少儿版和成人版；美国还将9月11日因为"9·11"设立成美国重要的防灾纪念日，以此加强公众灾害教育。美国的这种公众安全文化教育体系有很强的整体性和实用性，在提升整个社会的防灾能力有非常显著的效果。

　　日本是一个自然灾害尤其是地震灾害严重的国家，使得日本非常重视灾害教育，其灾害教育处于国际领先水平。日本的公众灾害教育除了重视以社区为单位的灾害教育，其灾害教育场馆和媒体的运用也非常有特色。日本倡导"自己的区域自己来维护"的理念，所以是社区组织承担对居民的防灾教育，日本政府鼓励社区内居民自发成立灾害防治和救助团体，如消防团、水防团、妇女防火俱乐部、少年防火俱乐部等等，这些团体平时负责社区内的灾情隐患排查、防灾教育和培训，灾害发生时负责疏散居民、抢救伤员等等，非常有利于社区的自助与互助。另外，日本的防灾教育场馆是日本进行灾害教育的重要手段，在公众灾害教育中起了非常巨大的作用。这种场馆有把灾害遗址作为灾害教育基地，也有专门建立的高科技灾害教育中心。如北淡町震灾纪念公园，一些地震的实景被保留下来，人们在园内可以看到由实物再现的高速公路倒塌后的场景和被完整保存下来长达140米的地震断层，还可看到挖掘后裸露的地层内部断裂剖面，这些实景非常具有感染力；而且人们在这里不仅可以了解过去发生过的地震，还可以看到今后30年可能发生的地震预测。京都市民防灾教育中心是日本专门为市民建立的防灾教育及培训的中心，中心内有各种图片、文字、影像、3D电影向民众介绍日常各种防灾知识，还有地震、泥石流和消防等各种体验项目，中心还教授参观者防灾工具的使用，也提供各种灾害培训。这种防灾教育场所科技含量高，提供多种感官刺激，取得了非常优异的灾害教育效果。在灾害教育宣传方面，日本非常重视媒体的作用，日本认为媒体是"政府应对危机的最好朋友"，政府早在1961年制定的《灾害对策基本法》中就明确规定日本广播协会（NHK）属于国家指定的防灾公共机构，从法律上确立了公共电视台在国家防灾体制中的地位。此外，日本各级政府还通过向市民发放各种灾害教育材料进行社会自然灾害教育，如东京目黑区就组织编写了《市民防灾行动指南》宣传手册，下发给居民阅读；日本政府还将每年的9月1日（为纪念1923年9月1日关东大地震而设）定为全国防灾日，以集中进行公众灾害教育。

　　韩国在1995年三丰百货公司倒塌事件发生之后，对本国的灾害教育系统进行了反思盒修改，同时参照了日本公众灾害教育的一些做法，所以韩国的灾害教育系统与日本有相似之处。韩国于1996年在《灾难管理法》中规定将韩国公共电视台（KBS）列为报道灾难的指定台，这也从法律上明确了媒体在灾害教育中的地位和责任。另外，韩国有关部门也印制了各种宣传手册向民众发放，这些宣传手册图文并茂、生动活泼、简单易懂，取得了很好的效果。韩国政府将每年的 5 月 25 日定为"全国防灾日"，并且在这一天举行全国性的"综合防灾训练"，以促进政府官员和普通民众的灾害意识的形成，提高其灾害知识和防灾能力。

德国在公众灾害教育方面非常注重信息的传递。德国政府建立了"危机预防信息系统"，用此系统向人们集中提供各种灾害知识和技能。如通过宣传手册、互联网、展览以及听众热线，重点介绍如何应对新型急性瘟疫、化学品泄漏和恐怖危机等；居民保护与灾害救助局出版了《居民保护》季刊，普及防灾救灾知识。

哥斯达黎加是将公众灾害教育融入教育系统，建立了减灾融入国民教育计划。哥斯达黎加因为地理原因经常受到地震、火山爆发等自然灾害的侵袭，政府一直把灾害教育作为国家发展战略，并通过国民教育计划与教育系统融为一体。早在 1986 年，哥斯达黎加国民减灾教育计划就已经作为非正式计划在农村地区，特别是自然灾害侵袭的地区实施。随着时间推移，计划不断强化和拓展，目前已经开始被引入私立教育领域。"目前，哥斯达黎加已经形成了完善的减灾教育管理体制，他们采用综合性的主题方式，发展减灾教育课程，注重学校与社区之间的联系，力图创造出一种重视减灾、了解减灾和预防灾害的社会文化环境。哥斯达黎加以学校为减灾教育基地，扩大减灾教育的社会影响，让社区成员参与到教育和管理当中，使减灾教育持久进行。经过多年的实践和探索，哥斯达黎加形成了重视减灾教育的良好社会氛围，并建立起了政治、法律、行政、技术协同机制，为减灾教育的发展提供了广阔的空间，深得联合国国际减灾策略机构的赞赏与推荐。"

以上，我们可以看到各国建立的灾害教育系统中公众灾害教育内容和手段既有相似点，也有不同之处。相似之处包括：以社区为单位的自然灾害教育实用性强、效果好，是提升整个社会防灾能力的有效手段；建立减灾教育场所也非常有助于公众灾害教育的实施；此外，建立灾害纪念日、印刷和发放灾害材料是各国实施公众灾害教育的普遍手段；规定媒体在公众灾害教育中的法律地位也许更有利于发挥媒体的作用。但是由于各国情况不同，各国具体的公众灾害教育内容和一些实施手段并不相同。王卫东（2008）指出，在公众灾害教育方面指出"国外组织实施民众防灾教育的渠道是多种多样的，其中政府起着关键的主导性作用。在此基础上，各国一般都把学校、社区和公共媒体作为实施民众防灾教育的主渠道"。由于许多国家人口普遍以社区聚集分布，所以各国普遍认识到了"社区在民众防灾教育中有着重要的地位和作用。……重视充分发挥社区的作用，以推动民众防灾教育工作"；而现在已经是信息时代，各国都很注重通过媒体作为灾害教育的手段；而且各国非常"注重教育内容的规范性。教育内容是根据所在地的具体情况而精心选择的；

教育计划是根据民众的实际情况而认真制定的；教育步骤是根据需循序渐进的原则而逐步实施的。具体规范的防灾教育内容能极大地提高民众应对灾害的针对性和有效性"；从而让民众具备"全面系统的民众防灾能力培养……一是要了解灾害，具备较强的危机意识；二是掌握防灾手段和措施，知道面对灾害应如何处理；三是具备良好的心理应对能力，在灾害发生后能保持头脑冷静、行动自主"；并且"营造浓厚持久的民众防灾教育氛围"，使民众时刻都能受到灾害教育，形成永久的灾害意识。而设立灾害纪念日、建立灾害主题纪念馆或纪念公园等是各国采取的有效手段。

比较我国和各国的公众灾害教育，可以看出二者的教育途径大体类似，都包括建立和使用灾害教育场所、媒体宣传和集中宣传三类。但是国外以社区为单位的公众灾害教育的实施程序、灾害教育场馆的运行方法，还有确定媒体在灾害教育中的法律责任和地位，从而建立一整套适合本国的完善社会安全文化体系等内容仍然非常值得我们学习和借鉴。

另外值得一提的是，国际博物馆协会的考古与历史博物馆委员（IC-MAH）会举办的2008年年会的主题正是"博物馆和灾害"。会议探讨了博物馆在自然、经济和军事灾害方面的直接、间接影响，主要内容包括灾害解说方面的道德伦理问题、建立真相、传递信息和展览设计四个方面。道德伦理问题是指博物馆工作人员在寻找和解说灾害展品时要面对什么特殊的伦理道德问题，如博物馆对人类所承受的灾害痛苦的展示是教育还是利用？临界点在哪里？博物馆可以在没有本人或其家人的允许下展示他们的图像吗？等等；建立真相涉及研究博物馆是采用哪种角度进行灾害解说，是从受害者及其家人的角度，还是政府、媒体、专家等？博物馆的解说可靠吗，值得相信吗？等问题。传递信息是探讨博物馆展示灾害的目的，是为了简单地记载或纪念一件可怕的事或者生命的消逝？还是有其他原因，比如想要影响现在和未来的决策、带来改变等？展览设计是研究怎样能使参观者效果最大、最优化，探讨展品解说、事件视频或历史陈述、展示设置、计算机动画和其他高科技方法等解说手段。其会议论文集共收录17篇论文，针对自然灾害的论文有5篇，研究对象包括自然灾害的论文有3篇，除了叙述博物馆在自然灾害纪念、教育、减灾方面的功能、表明建立自然灾害博物馆的重要性之外，还提出了让灾难受害者教授他人自己的真实经验、建立TeLL-Net（国际灾害实际课程迁移网络）等新的解说手段，尊重藏品和公众等观点，非常值得学习和借鉴。如Ria Geluk（2008）在《1953年2月的洪水》描述了荷兰为纪念1953年2月大洪水而建的博物馆及其新馆扩建工程，说明了博物馆在纪念自然灾害、提醒及教育公众方面的功能，表明了建立自然灾害博物馆的重要性；Emilie Leumas和Mark Cave（2008）在《飓风卡特里娜：对新现实的适应》探讨了美国政府应对自然灾害的政策体系的问题，指出要从博物馆等存有的自然灾害档案中获得经验；Ikuo Kobayashi（2008）在《日本神户阪神－淡路大地震博物馆展览的成果和挑战》介绍了日本神户阪神－淡路大地震博物馆展览取得的成果和面临的挑战，并且指出了一个重要经验：地震中的幸存者作为志愿者把他们的存活经验和学到的课程传播给参观者；Yoshinobu Fukasawa（2008）在《灾害和博物馆实物展览间的实际课程迁移和博物馆展览的期望》介绍了 TeLL－Net（国际灾害实际课程迁移网络），让许多灾难受害者借助博物馆及其他形式教授他人自己的真实经验，实现灾害和博物馆实物展览间的实际课程迁移；S. Frederick Starr（2008）在《灾害教会了我们什么》指出博物馆员工是为他们管理的文化藏品服务的，博物馆要让藏品"自己说话"、公众自己探索，博物馆要尊重藏品和公众。另外值得一提的是国际很重视博物馆藏品的保护、修复，以及博物馆应对自然和人为灾难的综合紧急管理，因为好的藏品更利于博物馆教育等功能的发挥。如 Michael John（2008）在《博物馆对抗自然灾害的藏品保护和自我保护》主要探讨博物馆在自然灾害中的自我保护，指出要确定保护对象、目标和措施；Cristina Menegazzi（2008）在《降低博物馆藏品风险的案例——博物馆应急计划》介绍了为了保护处于紧急状况的博物馆藏品，国际博物馆协会（ICOM）2002 年启动了一项长期博物馆紧急计划（MEP），还介绍了国际博物馆协会（ICOM）与国际文化财产保护与修复研究中心（ICCROM）和盖提文物维护中心（the Getty Conservation Institute）合作开发的"综合紧急管理合作"培训课程（Marie－Paule Jungblut，Rosmarie Beier－de Haan，2008）。

此外，还有一些学者也探讨了博物馆自然灾害教育解说方面的内容，如 Kobayashi Fumio（2008）在《Social Education for the Prevention of Natural Disasters in the Museum》中指出其在日本兵库县南武地震学习展中发现，日本兵库县南武群众更加关注住宅附近的活动断层分布，指出自然灾害展览解说应关注日常生活中的专业知识，如地球科学知识等；Holmes，Mary Anne（2008）在《Dinosaurs and Disasters Day at University of Nebraska's State museum：A Joint Effort to Explain Natural Disasters to the Public》中指出了内布拉斯加大学的国家博物馆让本科生和研究生参与博物馆解说，介绍海啸、泥石流、火山爆发等自然灾害过程，建立公众和科学之间的桥梁，吸引了大批参观者，取得了良好效果。

会议主题和相关研究反映了国际对博物馆向公众传播灾害知识、技能等作用的重视，"博物馆和灾害教育"已成为国际研究热点；而且灾害教育场馆的研究集中于场馆的解说；另外，让灾害幸存者参与场馆解说和灾害教育是一种公众灾害教育新方法。

7.1.1.2 国内公众灾害教育

我国是世界上自然灾害最为严重的国家之一，自然灾害种类多、发生率高，对我国造成了巨大的人员和财产损失；加之环境问题的日益严重，特别是 2008 年初南方的雨雪冰灾灾害以及 5.12 汶川大地震带来的伤痛，使得我国公众逐步意识到灾害教育在防灾减灾以及可持续发展方面的重要意义，开始越来越重视灾害教育。相关的研究文献也随之迅速增多，比如在 CNKI 上以"灾害/教育"为关键词进行搜索，可发现 2006 年之前，每年相关文章不超过 10 篇，但 2006 年之后文章数迅速增加，尤其是 2008 年和 2009 年每年文章都超过了 20 篇。这些文章多是以学校灾害教育为主的研究，很少有以面向公众的社会灾害教育为主的研究，只是学校灾害教育研究的文章中有些涉及社会灾害教育。大体上看，这些文章可分为两类，一类是直接对我国灾害教育情况进行研究，另一类是对国外灾害教育进行研究、介绍国外灾害教育状况、解读对我国的启示等；前者文章数目较多，后者的研究多集中于日本和美国，其中探讨日本灾害教育的文章最多，主要是因为日本的灾害教育、尤其是地震灾害教育是国际领先的。这些文章还有一个明显的特点，即地震灾害教育的文章明显多于其他灾害教育的文章，这可能与我国 2008 年发生的汶川大地震有关，这次地震极大地唤起了人们对防震减灾教育的关注。

学校灾害教育中往往涉及社会灾害教育，因为研究者们意识到灾害教育"有着深刻的实践性和仿真体验性"，灾害教育应该整合和利用起学校、社会的所有资源，"灾害教育的教学策略应该是'综合渗透，主体探究，体验教学，活动强化'。实现'课堂教学与课外活动相结合，老师讲解与学生演练相结合，理论知识与实践探究相结合，实行课堂教育和现场教育相结合，加强灾害理论知识与实践技能的融合，正规教育和非正规教育相结合'"（张英，2008）。而国内灾害教育无论是学校灾害教育还是社会灾害教育都存在公民灾害意识差、教育手段单一、实际效果差等缺陷。学校灾害教育方面，如曹邱（2008）、陈会洋等（2007）指出目前我国公民的减灾意识很淡薄；谌丽等（2007）对北京在校大学生进行调查后得出"在我国整个减灾防灾工作的链环中，灾害教育这一环节还十分薄弱，国民灾害意识不强，减灾防灾的科学知识普及还相当落后。这一点也体现在大学生身上……大学生的减灾态度积极，但是灾害基础知识了解不足，减灾行为有待提高"；张英（2008）指出，"学校教育中注重认知目标，忽视行为矫正，这是应试教育的通病。……对于灾害教育来说，主要不是追求认知目标的达成，而是通过认知目标的实现促成学生心理机能完善和行为规范"，"教学模式单一，不适应中学灾害教育的特点。目前学校灾害教育教学中，教师讲解的教学方式占支配地位，这样显然不符合灾害教育的特点，难以达到目标要求"。公众灾害教育方面，如高云（2009）指出我国"公众对灾害知识贫乏，防灾的总体水平较低，防灾意识淡薄，自我安全防护知识非常匮乏"；翟永梅（2010）在《民众防灾防护意识教育的重要性》中也提到"据相关的研究表明：我国民众对灾害知识的了解层次较低、了解的渠道少、防灾技能低"。

以上不难看出，我国公众灾害教育状况并不理想，其研究尚不深入，多只停留在表面形式。社会灾害教育途径也没有进行深入探索，特别是灾害教育场所，还在进一步建设中，急需进一步研究。

7.1.2 公众灾害教育问题

我国自然灾害频发，损失日趋严重，且公民防灾素养不高，在对正规灾害教育研究之后，需要把研究视野从学校灾害教育扩展到公众教育。我国公众灾害教育状况并不理想，其研究尚不深入，大多只停留在表面。公众灾害教育实施主体是谁？通过何种途径开展？实施效果如何？现阶段，不同的公众灾害教育开展模式实践中都存在一系列问题，如灾害教育类场所就存在以下问题：教育功能尚待开发；缺乏相应机制和专门人员；未与学校教育教学资源相联系（张英，2011）。为促进公众灾害教育的开展，公众灾害教育开展模式、价值研究与效果评价等亟待研究。

7.1.3 公众灾害教育途径

针对上述灾害教育方面的不足，许多学者提出了各种实施灾害教育的途（王民，2011），其中社会灾害教育的途径可以归纳为 3 类，一是建立和使用灾害教育场所，二是加强媒体宣传，三是进行集中宣传。

除此之外，研究者指出大学、科研机构也是开展公众灾害教育的重要力量；地震局等单位要负担起开展公众灾害教育的责任；相应学会组织、相关期刊媒体也需要纳入公众灾害教育内容。通过以上各种社会力量的努力，共同促进公众灾害教育的开展。

7.1.3.1 场馆开展

张英、王民（2010）在《我国灾害教育的展望》一文中指出另外，当前课程资源的开发设计中不太注重隐性课程和社区联系，没有注重社区的教育教学资源开发（如灾害遗址、防灾主题公园及灾害纪念馆等），更谈不上应用于教学中。值得一提的是，灾害遗址、灾害纪念公园是重要的社会灾害教育场所，防灾纪念馆等场所要使用恰当的教育方式与方法，解说是该场所进行灾害教育的手段之一，如要研究合理运用环境解说于这一过程中，提高受众参与度与学习兴趣，以保证非正规灾害教育的实施效果。

灾害教育场所的灾害教育手段多样，拥有直观性好、感染力强、容易引起参观者兴趣、利于实际灾害技能培养等多种优点，建立和使用灾害场馆所等相关设施是结合社会与学校灾害教育、提高全民灾害意识的很好方法。如余珊珊（2009）通过对日本、美国等国家的灾害教育进行研究，指出应该重视灾后遗址教育在防灾教育中的特殊地位，"将灾害遗址作为教育基地是一种比书本教育和宣传更直观的方法，其教育'映像'可长久地镌刻在人们的脑海里……历史是最生动的教材，充分利用已有的历史经验"；铁永波（2005）指出保存典型遗址作为环境教育基地是进行防灾减灾的很好途径，因为"环境灾害遗址是灾害发生后留下的痕迹，能直观的把灾害的危害过程直接记录下来，把灾害遗址作为教育基地是一种比书本教育和宣传更直观的方法，人们可以直接地了解灾害的发生过程及危害结果，同时通过讲解人们可以知道怎样保护环境，避免灾害的发生"；孙国学和孙晶岩（2007）指出地震台在防震减灾宣传教育中是一个很好的科普教育基地，是开展防震减灾知识宣传、直接服务社会的一个窗口，还可充分利用互联网络开展防震减灾宣传教育……地震台利用多媒体演示与实物参观相结合，知识性与趣味性结合可起到地震科技馆的作用"；李世泰（2007）指出实施灾害教育需要全方位渗透，除运用各种多媒体手段外，还可以开展国际减灾日等节日活动的地理课外活动，以及去灾害遗址地考察学习等野外考察；廖贤富（2009）指出应该"引入社会力量，开设第二课堂。这类教学活动是指在第一课堂外的时间进行的与第一课堂相关的教学活动……可以组织学生参观地震科技馆、地震科普馆，参观著名地震遗址（比如北川地震遗址）"；王会敏、杨文明（2009）指出应"利用各种教育资源，实化宣传教育效果……利用人防教育基地，对普通市民开展防空防灾教育。人防部门可以利用人防工程资源优势开展防空防灾教育"；邹波、王雄健（2007）指出"参观地震科普教育基地作为'四个一'进校园活动的主要内容取得良好效果。

所以，众多学者呼吁建立灾害场馆及教育中心等相关设施。如修济刚（2005）倡议："要在规划计划中列入防灾教育的基地建设和设施建设，使防灾训练深入社会的各个层面；要建立从事防灾教育活动的专门组织，将防灾教育基地列入公益性事业加以支持，对防灾教育科目给予专门的经费预算等等"；汪鸿宏（1996）则指出我国应成立灾害教育研究中心，"去从事收集、编写、出版教材，以及扩大培训对象、组织推广等工作"；此外，高云（2009）、安树志（2007）、周秀琴（2008）、张信勇（2008）等都呼吁建立相关防灾教育、训练基地。

但是，我国目前专门研究灾害教育场所等相关设施的文章很少，在 CNKI 上搜索只有十几篇国内灾害场馆的介绍性文章，只是介绍场馆的建成、功能组成等，并未进行深入研究。如庞德谦、傅志军（2000）回顾了宝鸡综合减灾教育科研基地的建设过程、介绍了其建设目标及一些经验体会；白伟岚、李金路（2006）介绍了北京曙光防灾公园的总体规划；赵侠（2007）详细描述了北京市民防灾教育馆的功能组成，赞扬其使得消防科普教育更加全面和生动具体、有借鉴和示范作用。另外，龙海云（2008）对唐山抗震纪念馆和坂神地震纪念馆进行了简单的比较，但也只停留于表面阶段；张业成、张立海（2008）探讨了抗震减灾日和地震博物馆、地震地质公园建设目的和主题内容，有较深入研究；李晓江（2008）等探讨了正在筹建中的北川地震遗址博物馆及震灾纪念地的价值、定位、规划原则与功能区划、遗址的保护与展示和一些思考，较为详细。此外，也有些文章提及了我国灾害教育场馆的部分状况，并给出了一些建设建议，如安树志（2007）指出"目前，我国只有少数几个城市拥有防灾教育馆。今后应加大这方面的投入，积极筹措各方面资金，建成一批防灾教育培训场所，面向社会各界广泛开展防灾教育培训工作"；铁永波和唐川（2005）在《公共环境教育与减灾》中说到"我国现有的环境灾害遗址较少，且遗址类型单一，主要集中于地震遗址，我国的灾害种类多，危害大，可建立起多种灾害遗址基地，如泥石流、滑坡、洪水、地面沉降、水体污染等"；王会敏、杨文明（2009）对灾害教育场馆的建设给出了建议："人防部门可以利用人防工程资源优势开展防空防灾教育。一是选择交通便利、经改造可以利用的人防工程，建立防空防灾宣传教育基地。可根据区位特点和功能定位的不同，建立综合性或专题性的防空防灾教育基地。通过设立4D影院、地震倾斜小屋、模拟火灾现场、个性化展板、仿真模型、实物陈列以及多媒体播放等形式，增强互动性、直观性和趣味性。二是组织居民参观教育基地，让他们亲身体验多种模拟的灾害现场，增强感性认识，提高防范能力，实化防空防灾宣传教育效果"；余珊珊（2009）指出"地震博物馆其主要职责应包括：搜集地震文物；研究震灾史料；普及地震科学知识；利用馆藏资料，组织人们感受地震发生时的紧张状态、组织逃生演练等。地震博物馆的主要功能应侧重于，以馆藏资料展示地震的清晰面目，从而达到防震减灾的最佳教育效果"。

目前，我国已经建立起了一批规模、类型不尽相同的灾害教育场所。根据有限的相关文章和目前国内已有的灾害教育场所，可以粗略地将我国的灾害教育场所分为三类：

以灾害教育为主题的场所。这类场所又可以分为两类，其一是灾害教育遗址，即保留灾害发生后留下的痕迹，供人们参观；这类灾害教育场馆往往只针对一种灾害，其最大好处是可以提醒人们铭记历史并从历史中学习；这类场馆如唐山地震遗址、汶川地震遗址等。其二是专门的灾害教育场馆，即专门设计进行灾害教育的场所；这类场所即有针对多种灾害的、也有针对单一灾害的，一般科技含量较高，不仅能够运用文字、图片、音频、视频等多种手段向公众提供大量灾害相关知识，还能够对各种灾害进行模拟使参观者身临其境，还能提供消防演习、训练等实际操作，可以很好地提升参观者技能；这类场馆如系列防震减灾科普教育基地、海淀安全馆、北京市民防灾教育馆等。

间接提供灾害教育的场馆；这类场馆并不是以灾害教育为主题，但包括灾害教育；如中国科技馆等。科技教育中心，这类场所主要以灾害相关科研、监测、指挥等为主要功能，但也承担灾害教育的任务；如中国气象局、中国地震局等国家和地方相关机构及下属机构，防灾科技学院等大学、科研院所的相关实验室。

7.1.3.2 媒体宣传和集中宣传

除了建设和使用灾害教育场所，社会灾害教育的主要途径还包括媒体宣传和集中宣传两种。媒体宣传是指利用书籍、报纸、宣传册、图片、广播、电影电视、网络等多种媒体形式以及讲座和培训，由政府部门和非政府部门向社会各个层次进行灾害知识、技能等的宣传；集中宣传是指通过建立灾害纪念日或利用世界水日、地球日、土地日、防止干旱与荒漠化日、国际减灾日、消防日、交通安全等节日，在节日期间集中举行各种灾害教育活动，向公众进行相应的灾害知识、技能等的宣传。发挥新闻媒体宣传教育和舆论引导的作用，增强民众的危机意识，使全社会都形成一种关注防灾教育，学习防灾技能的良好风气。

如孙小银、单瑞峰（2006）指出社会环境、灾害教育手段除了安全教育的基地的建设和使用外，还可以设立环境灾难纪念日，开展多方面的社会宣传，"一方面是为了纪念在灾害中死难的同胞；另一方面是为了警醒世人，让大家认识到保护生存环境的重要性"，此外还要发挥媒体的作用，因为"当今社会是信息的时代，媒体的用在人们的日常生活中起着举足轻重的作用，信息的获取已经成为社会发展的主要驱动力之一……利用互联网、电视专题节目、宣传册子、巡回展览以及环保广告牌等等进行广泛的环境安全宣传教育"；郑居焕、李耀庄（2007）指出"我国应加强防灾减灾知识的宣传和教育……向广大群众宣传防灾减灾的方针政策和法规，普及灾害知识、防灾知识、抢险救灾和恢复重建知识等，增强全社会的防灾减灾意识，提高自救互助以及抗灾救灾能力"；余珊珊（2009）指出"利用报刊、手册、图书、电视、广播、网络等媒体的宣传推广手段，来传递防灾知识，有着便利、快速、直接、有效的作用……网络、电视、书籍三大媒介是安全教育的主要手段，文化长廊、壁报、公益宣传品是安全教育手段的有效补充。运用好电视、网络多媒体手段是深化安全教育的必由之路，加强减灾防灾教育手段体系建设，增强抵御和承受灾害的能力。广播、电视、报纸、网站等媒体尽可能开设相关栏目，为社会减灾奉献力量，不断推出有深度的安全文化栏目和节目，编撰通俗易懂，生动有趣的安全教育教材，甚至可是推出一些印刷安全常识的日用品"；阎玉恒（2008）"建议将5月或7月定为全国防灾减灾宣传月，月内分阶段有重点地开展地震、火灾、泥石流、台风、海啸、洪水等自然灾害预防知识的宣传，使民众能够充分了解相关知识，提高自主防灾的能力"；此外，翟永梅（2010）、铁永波（2005）、安树志（2007）、张信勇（2008）、申勇（2009）等很多学者都指出应通过环境日和媒体宣传进行环境和灾害教育。

研究者选取中日一些典型场馆（北京、重庆、唐山、京都、神户）在场馆定位、实施方法、教育效果等方面进行了初步的、感性的、对比研究，指出我国此类场所开展社会灾害教育（科普、科学传播）存在的问题及未来发展方向。通过解说实施公众灾害教育的思想由张英等人提出。研究者也开展了对北京海淀公共安全馆、北京市民防灾教育馆、曙光防灾公园；唐山抗震纪念馆、地震遗址；重庆市科技馆防灾厅解说系统的研究。对游客、解说员进行了访谈、问卷，发现问题，寻找原因，以制定对策。研究者利用在京都大学防灾所联合培养期间对京大研究所本身、京都市民防灾中心、神户人与未来防灾中心进行了调查研究。搜集了大量第一手资料，与各场馆建立了友好联系，为下一步深入调查访谈、理论研究奠定了坚实的实践基础。

7.2 公众灾害教育开展模式

公众灾害教育是减灾事业的重要组成部分。加强公众灾害教育是提高我国综合减灾能力的重要战略措施。《中华人民共和国防震减灾法》等法律法规对此项工作作出了明确规定。如，《中华人民共和国防震减灾法》第七条规定：各级人民政府应当组织开展防震减灾知识的宣传教育，增强公民的防震减灾意识，提高全社会的防震减灾能力；第四十四条规定：机关、团体、企业、事业等单位，应当按照所在地人民政府的要求，结合各自实际情况，加强对本单位人员的地震应急知识宣传教育，开展地震应急救援演练。学校应当进行地震应急知识教育，组织开展必要的地震应急救援演练，培养学生的安全意识和自救互救能力。新闻媒体应当开展地震灾害预防和应急、自救互救知识的公益宣传等。

如何开展公众灾害教育，提高全民防灾素养是一个亟待研究的课题，研究者从开展模式等方面提供了一些思路。公众灾害教育开展模式，简而言之就是公众灾害教育的实施主体、进行的途径与实施方法所组成的别于其他的结构形式。研究试图建构公众灾害教育开展模式，分别从实施主体、途径与方法来探讨。请见图 7-1。

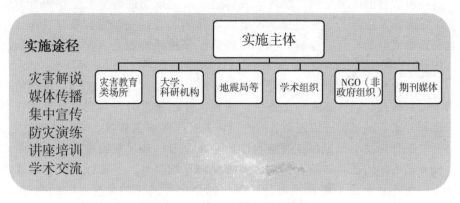

图 7-1 公众灾害教育开展模式

已有研究主要片中灾害教育场所介绍，但方法未弄清，其是公众灾害教育实施的重要主体，故思考通过解说开展公众灾害教育的探索；除此之外，研究者通过系列研究指出大学、科研机构也是开展公众灾害教育的重要力量；地震局等单位要负担起开展公众灾害教育的责任；学术组织在公众灾害教育方面取得了卓有成效的成果；相关期刊媒体、NGO、社区单元也需要纳入公众灾害教育内容。通过以上各种社会力量的努力，共同促进公众灾害教育的开展。不难看出，公众灾害教育开展主体也如上所述。

公众灾害教育的途径可以归纳为五类，一是建立和使用灾害教育场所，灾害解说是公众灾害教育的主要手段与方法。二是加强媒体传播，如规定媒体在公众灾害教育中的法律地位也许更有利于发挥媒体的作用。三是进行集中宣传，如设立灾害纪念日、印刷和发放灾害材料。四是以社区为单位组织如防灾演练在内的灾害教育实用性强、效果好。五是大学、科研机构等研究实体开展讲座培训，与相关灾害教育类场所、社区等互动。

7.2.1 博物馆、遗址地通过解说促进公众灾害教育的实践

防灾安全类博物馆、科技馆、遗址地、纪念馆等是开展灾害教育的最佳场所，以解说为主要手段和途径进行。目前关于灾害类解说研究尚处于空白，故需对这类场所的解说理论与实践进行系统研究。解说可以看作是社会教育的手段和途径，不仅仅限于解说员的解说，还包括解说词、解说设施共同构成的解说系统，如实践证明通过环境解说实施环境教育的研究促进了环境教育基地、公园等场所进行环境教育的实践。本研究试图通过灾害类解说的研究，促进社会灾害教育的开展。

7.2.1.1 解说的概念、规划设计理念与评估

1. 概念

环境解说（解说）是解说地（风景名胜区、公园、遗产地、博物馆等）开展环境教育的重要手段，把环境教育纳入解说地与旅游地的工作职责与评价也是国际发展趋势，解说地除了有旅游休闲、管理服务还有教育功能，也就是通常所说的乐育、保育。通俗来说除了保护还有教育，灾害遗址等场所亦如此。

灾害教育是环境教育的深化与发展，环境解说（解说）的理论也理应适用于灾害教育，成为灾害纪念遗址、博物馆等场所进行公众灾害教育的重要手段和方式，其可促进灾害教育的开展，提高全民防灾素养，培育安全文化。

是否有必要单独提出灾害解说？还是在原有的环境解说中发展，这是一个值得思考的问题。如后者仅仅强调解说的一般特性，不能强调灾害教育的特点。前者又淡化了解说的通性。在此提出灾害解说的构想，以抛砖引玉。

总之，解说促进灾害教育，灾害解说需要尊重灾害历史、引起受众共鸣、提

高教育效果。

2. 规划设计理念、原则

灾害解说系统规划设计需遵循以下理念：①按照国际相关宣言，如兵库宣言等。②要满足社会可持续发展与人的全面发展的要求。③开展国际比较与合作，明确场馆定位，除展示功能、研究外，确保教育功能发挥。④重视加入灾害记忆的传承与生活经验。⑤重视志愿者的作用。原则：①尊重人类自主能动性、不夸大灾害影响；②尊重科学与自然规律、不漠视灾害影响。③尊重生命，体现人文关怀。④关注落后地区，关注脆弱性。

3. 解说评估与现状调查

解说评估是信息收集与分析的过程，其目的是为了增进服务听众的能力（Ham，1992）。评估某事物，意味着确定它的价值、审视之及评价之、并确认它的优点（Scriven，1991）。解说评估即确认解说质量的方法、辨识优缺点，并且了解成效的高低，其目的都是为了增进解说活动（Medlin & Ham，1990）。美国解说协会（National Association for Interpretation）：解说评估是一个确定解说质量的多面性的过程，且属于解说的一部份。此过程包括投入与反馈，并衡量人类、机构、环境与科技间的关系。评估涵盖许多定量及定性的技巧（NAI，1990；转自蔡淑惠，2000）。本文提出环境解说系统发展评估的结构框架：目标维度（专业化、规范化、标准化）；操作者维度（管理部门、游客受众、解说员）；内容维度：解说员、解说词、解说设施等。研究选择游客受众、解说员作为调查对象，对解说员、解说词以及解说设施进行评价。通过解说评估进行解说发展现状调查，也可针对作为环境解说系统构成要素的解说员专业发展水平、解说词进行评估并提出相关建议（张英，2009）。如图7-2所示。

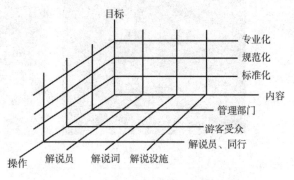

图7-2 环境解说系统合理结构评估框架图

7.2.1.2 国外灾害教育类场馆案例

1. 京都市市民防灾教育中心

京都市市民防灾中心位于市辖南区，京都站西南方，在著名文化遗产东寺之南，临近京都市南区消防署的急救教育中心。京都市政府基于对灾害教育的重视、为市民及参观者提供灾害教育场所的目的，于1994年10月成立京都市民防灾教育中心。该地公众教育主要通过解说、体验式学习、专家讲座、消防与急救培训等方式而进行（图 7-3 至图 7-12）。

国内研究大多为"介绍式""呼吁式"研究，大多介绍此地设施与灾害教育内容，鲜有关注解说研究。此类场所主要通过解说系统功能的发挥来达到灾害教育的目的，解说系统包括解说员、解说词与解说设施（解说牌示、路径等），解说除了讲解的功能，还有管理、引导的作用，以确保此类场所教育功能的发挥。研究者曾提出：解说系统功能最大化需要该系统结构的最优化，何种结构是最优化呢？可以从解说员专业化、解说设施标准化、解说词规范化维度来探讨。

图 7-3　多种版本的场馆介绍折页　　图 7-4　入口处的灾害教育动画视频

图 7-5　台风体验　　　　　　　图 7-6　地震体验

图 7-7　灭火游戏　　　　　　　图 7-8　烟雾逃生

　　场馆内解说员十余名，她们统一着装，工作职责包括解说、展品的维护、游客引导等，当然也有志愿者参与。解说设施多种多样，包括：地震、台风、泥石流体验装置；多媒体视频播放设备；人机互动游戏设施；解说牌示、折页及解说路径等。解说词语言以日英为主，通俗易懂。接待处有英语、汉语、日语等多种版本的宣传折页，看来到此地的参观者早已不局限于京都市民，另外从国内媒体对此地的众多介绍可以看出，其是进行灾害教育的典型场馆并早已声名远播。

　　该场馆还开设面向公众的各种防灾减灾培训课程，其中面向单位开设消防员培训班，培训内容包括防火管理的一般知识、防灾人员的责任、设备的使用、综合防灾操作训练等。场馆还向广大市民开设外科医护急救培训，培训内容包括人工呼吸的基本知识、心脏的基础知识、止血的方法与知识等等。同时，也邀请专家学者前来讲座，各地方派代表参加，研究者参与了此次讲座，看着满头白发的老者却不乏学习热情，认真的精神实在令人感慨。讲座后，体验了日本应急救援的"非常食"，其实就是蘑菇炒饭，还算是味美可口的，如果真是受灾的时候能吃上这样的饭菜就很不错，有点忆苦思甜的感觉。

图 7-9　体验直升飞机救灾

图 7-10　消防训练

图 7-11　急救教育

图 7-12　专家讲座

2. 神户人与未来防灾中心的志愿者解说

在京都大学防灾所访问研究期间，鉴于论文研究需要走访了神户人与未来防灾中心，对河田、大西及红谷研究员等人进行了关于解说现状、游客资料、运行状况等访谈，该场馆每年都进行游客信息统计分析，详细程度令人吃惊。场馆内的自述电影也非常发人深省，其中一句台词－究竟我们需要多高的楼？一直使我思考是否在灾害来临时城市比乡村更具脆弱性？

值得一提的是，对该场馆几名志愿者进行访谈，大多会讲英语，还有一位老者在中国学习过汉语，他们都是经历过阪神大地震的，退休之后来这当上了志愿解说员，真心投入，恨不得手拉手教救命知识，可见其奉献精神。同时也说明灾害解说要注重经验传承与接近生活，保证解说效果，促进受众全面、可持续地发展（图 7-13）。

图 7-13　神户人与未来防灾中心志愿者解说

7.2.1.3　灾害教育类场所解说现状调查

我国自然灾害频发，损失日趋严重，加之公民防灾素养不高。防灾安全类博物馆、科技馆、遗址地、纪念馆等是开展灾害教育的最佳场所，此类场所公众灾害教育的开展依靠解说功能的发挥。目前关于灾害解说研究尚处于空白，故需对这类场所的解说理论与实践进行系统研究。解说可以看作是社会教育的手段和途径，不仅仅限于解说员的解说，还包括解说词、解说设施共同构成的解说系统，如实践证明通过环境解说实施环境教育的研究促进了环境教育基地、公园等场所进行环境教育的实践。本研究试图通过灾害类解说现状调查研究，发现问题，总结相应策略，促进社会灾害教育的开展。

许多学者提出了各种实施灾害教育的途径，其中公众灾害教育的途径可以归纳为 3 类，一是建立和使用灾害教育场所，二是加强媒体宣传，三是进行集中宣传。研究针对灾害教育场所的解说现状进行调查研究。目前可检索到的国外关于博物馆进行灾害教育的文献不多，这一方面说明此乃新兴研究领域，另外一方面也暗示了不被人关注，这更显研究的重要性。此类研究大概可以分为两类：一是对博物馆教育教育功能的挖掘，博物馆如何进行灾教育，介绍式研究，是为案例式；二是探讨博物馆教育效果与社区居民应对灾害反应的关系，当作是博物馆教育功能的价值研究。值得一提的是：2008年国际博物馆协会的年会就关注了灾害教育，主题为"Museums and Disasters"，也出版了相关的论文集，这显示出了国际博物馆界对灾害的关注，也试图通过博物馆的教育功能促进灾害教育，研究者也是抱着这样的目的进行此项研究。

　　我国公众灾害教育状况并不理想，其研究尚不深入，多只停留在表面形式。公众灾害教育途径也没有进行深入探索，特别是灾害教育场所，还在进一步建设中，急需进一步研究。总体而言，国内提及博物馆、灾害遗址地进行灾害教育的论文较多，但都是泛泛而谈，深入具体的不多见，仅在如下论文中可以看出此类场馆与灾害教育关系的研究，赵侠（2007）详细介绍了防灾教育馆的设计理念、功能分区及实施效果，其侧重消防安全教育。龙海云（2008）在"中日震灾科普教育的初步对比分析－地震纪念馆在震灾科普教育方面所起的重要作用"一文中深入分析了中日两次大地震，阪神大地震与唐山大地震，及其纪念场馆、地震遗址的功能发挥等，介绍了日本重视体验学习、传递情感的设计理念，给我国此类场所的建设些许启示。社会灾害教育是灾害教育的重要组成部分，此类场馆进行灾害教育是可行的，必要的，解说是其运用的主要手段，进行"环境解说运用于灾害教育"的探讨，此类场所开展灾害教育的探索是符合时代发展趋势的。

1. 调查背景

　　博物馆、科技馆、安全馆、灾害遗址及纪念公园等是重要的公众灾害教育场所，解说是该类场所进行灾害教育的主要手段，鉴于此，分别选取不同类型的场所，科技馆、博物馆、灾害遗址、公园都是进行社会灾害教育的重要场所。研究选择了 T 市地震遗址及纪念馆、B 区公共安全馆等地对受众、解说员以问卷、观察、访谈等多种形式进行灾害解说现状调查，旨在通过了解现状，发现问题，分析原因，找到对策。

2. T 市纪念馆灾害解说案例研究

　　（1）受众最喜欢的解说方式：

　　此地受众喜好解说员的解说、多媒体解说与参观引导图解说，"环境解说解说员专业化与解说词规范化研究"（张英，2009）中指出：解说方式喜好排序为：解说员的解说＞解说牌示＞书籍、折页＞导游图＞多媒体＞电子解说器材。其中，不难发现"地质公园 & 风景名胜区"喜欢解说员的解说所占比例最大；"历史文化综合类博物馆"喜欢书籍比例大；"风景名胜区 & 自然文化遗产"较喜欢解说牌示；"自然科技类博物馆"较喜欢导游图与多媒体。此种情形的影响因素是否与解说地类型和当地解说系统的构成情况有关须待进一步研究。是否说明地震纪念类场馆需要更多的"多媒体解说"来重现当时情景以重温历史、提高人们的风险意识与防灾素养也需进一步验证，这与灾害教育的情景性、体验性、实践性的特点是密不可分的。解说系统优化可以从解说员培训、解说词规范化、解说设施多样化与标准化的角度切入。

（2）受众解说系统整体满意度：

除 8% 的受访者较满意外，其余受众也均表达了对此地解说系统不满意（解说词、解说员与解说设施构成的系统），访谈中可知，来此地参观的游客也表达了对此地完善解说系统功能的想法，如 H2 指出无身临其境的感觉；H3 指出博物馆的重点很不突出，似乎在将整个城市的历史、发展，而非地震纪念馆。

（3）受众对解说员、解说词、解说设施的评价及建议：

解说系统整体满意度不高，但是落实到各个要素我们可以发现解说员、解说词、解说设施的满意度较整体偏高，导致此产生的因素可能是游客对评价打分的宽松要求，整体印象虽然不佳，但是具体到每个要素的时候就难以评判，可以看出的是游客对解说设施、解说词的满意程度高于对解说员解说的满意度。

从解说系统来看，该地的解说人员数量太少，很多游客反映看不到解说员，解说员说得太快太单调，讲解不细致，并不能与游客形成互动，及时了解游客的需求。关于解说员的专业素养，大部分游客是认可的，但有一部分游客反映听不懂，或太生涩。解说词比较规范，就是关于地震的内容说得不详细。解说设施方面，游客反映影像视频的播放设施很少，开发时间不多，而且有些也让游客碰触，缺少互动。小孩子能亲身体验的很少。

（4）参观目的与意愿：

从参观目的来看，大部分都没达到目的，满意度较低。大部分游客是为了了解 T 市的历史，而对抗震救灾的教育意义并不关注，或很少关注。场馆位于市中心，主要是接待外地游客和领导来访，所以侧重灾后重建，当时的抗震救灾等维度。设计地震的破坏性、成因、人们如何应对做得很少。

（5）受众对灾害解说与解说区别的认识：

受众认为：H1：没有太大的区别。H2：一般解说地例如博物馆，最多是针对科普知识的宣传等，但是 T 地震是真正发生了的，人们来这里的感情会明显不同，具有很强烈的沉痛感，因此更多的需要的是感情碰撞来激发人们关注和学习的兴趣，而非知识。H3：在这里是需要寻找一种心理的安慰，明白自己的被保护，并安全着的。Y1：解说突出了灾害的不可避免性；然后突出了灾后重建的过程，社会各界都动员起来，灾后的重建中有许多感人的事例；最后，还介绍了防灾减灾的知识。Y2：该解说主要集中于 T 市自己的发展，当然和其它地方不一样。Y3：有许多历史照片，还有立体的影像（宽屏幕电影）可以看。Y4：此地解说的特点是把重心放到了 T 市城市的历史发展上，对大地震有较为全面的描述。S1：不清楚。S2：这个地方的解说是以抗震为主题的，这是不同点。解说没什么区别，参观者的心情不同而已。S5：强调以前人们抗震救灾的精神。C1：更详解、更全面。C2：差不多。C5：气氛、情感不同。Z1：电影次数多一些。Z2：一般喜欢自助旅游。Z3：不能无限夸大，尊重自然规律。

灾害解说可以认为是社会灾害教育的一种手段，解说仅仅就是一种手段，如果严格划分可以有遗产、环境与灾害解说。灾害解说关注灾害发生发展的历史维度、自然维度、与人类的生命维度。

（6）游客个人信息分析：

游客以男士为多，年龄以 20 多岁年轻人为主，学历以本专科为主，可见教育程度较高，关心地震等自然灾害对人类活动的影响，也关注此场馆对其的影响。游客主要是外地来此地游玩、出差顺道看看的，也有很多本地人为了缓解对地震的忧虑前来学习的。大家都很关心地震安全问题，有学习建筑结构的研究人员，也有油田的工作人员，都谈到了安全问题的重要性，但实际做得并不好，可见，灾害教育科学传播大有可为。

3. B 市安全馆灾害解说案例研究

研究者于 2011 年 1 月 5 日走访了 B 市某类场馆。对馆长就场馆历史、开始理念与未来规划进行了访谈；并对解说员进行了解说现状调查访谈与问卷调查。以期总结此类场所通过解说开展社会灾害教育的现状、问题并提出相应对策，从实践中总结灾害解说的理论，促进社会灾害教育的开展。

解说员个人信息分析如下：解说员平均年龄为 24.6 岁，年龄结构趋于年轻化；性别比例可见：女多男少。教育程度来看：40％为本科学历，其余为专科及以下；从专业背景来看：专业多样化，有管理、商务英语、计算机科学与技术、编辑出版、卫生等；进入该地方式：大多为招聘形式；平均服务年限为 2.45 年。

解说员视角的解说设施、解说员、解说词满意度与喜好解说方式调查运用满意度按照五点态度量表施测：分为"很满意""比较满意""一般""不满意""很不满意"。对解说系统的三大重要组成要素，即解说设施、解说员、解说词进行满意度调查，可见，解说员认同自身，同时对解说设施、解说词的评价也较高，其中对解说词的满意度高于解说设施，可见该场馆解说设施标准化与解说词规范化程度还需提高。

喜欢解说员解说的占 25.6％、多媒体 23.1％、参观引导图 12.8％、书籍、折页 12.8％、电子解说器 10.3％、解说牌 10.4％、其他 5％，可见解说员解说在解说系统的重要作用，解说员灾害教育专业发展问题亟待重视。

解说员认为灾害解说与一般的解说有如下区别和联系："灾害解说在解说的过程中，受众可以学到自救与互救常识，以在灾害来临时，做好心理准备。""灾害解说专业性更强、知识性强，强调学习性。""灾害解说更贴近生活，如运用得当，会给生活带来便利与保障。""灾害解说需要更专业的知识培训，能在解说中让别人学到更多的知识与教育。""灾害解说员应提示对各种灾害的自救与互救技能，并能在讲解过程中对观众进行培训，而旅游解说只注重景点的观看。""首先，无论是从事何种解说的解说员，都是解说员，灾害解说可能平时的生活就要经常学习相关的灾害知识。""灾害解说是通过解说让参观者明白灾害的危害，同时让参观者明白遇到此灾害时应如何逃生，减少更大的危害。""灾害解说主要针对社会上发生的或还未发生的一些公共安全突发事件作讲解，提高公众防灾意识，指导公众在灾害发生时进行自救互救。""灾害解说是让大家了解灾害的危害性及预防性，它既要让观众了解并要使之掌握；一般的旅游解说只是让观众了解。"

可见，从事公众灾害教育的解说员已经认识到了灾害解说的重要性，其与一般的旅游解说有着以下区别：①灾害解说需要防灾减灾知识为基础，旨在提升受众防灾素养，培育安全文化。②灾害解说要尊重科学与自然规律，同时强调人类自主能动性，不夸大、不漠视灾害影响，对待灾害既不消极悲观也不盲目乐观。③尊重生命，体现人文关怀。四、关注落后地区与弱势群体，关注脆弱性。

解说员反应几乎没有参加过灾害教育相关培训，参与了一些解说培训，大多是参观学习其他场馆，进行同行交流。不足的是，尚未对解说员进行防灾素养施测，不清楚解说员的防灾知识、能力及态度水平，但是从现场观察、访谈来看，亟需开展灾害解说的培训，旨在通过解说提高公众灾害教育效果。

解说员给出如下提高此地灾害教育与解说水平的建议："多做一些互动、亲身体验会使我们印象更加深刻""增强专业性""对于比较专业的东西要拿捏得当""解说要更详细点、知识面要广""可以结合实例进行培训与教育""增加实质的宣传片""对解说员要多进行培训，国家对解说员要有相关的考核"。解说员给出如下提高解说员专业化与专业发展、解说词规范化、解说设施标准化的综合建议与意见："平时应多学习了解相关知识、去相关展馆多多参观，听取其他展馆的解说员解说""人员素质应统一，在词的运用上增强专业标准""学习专业性较强的东西并与实践结合""应对解说员全面素质培训，相关的知识详细学习""讲解词应该时时更新""解说设施科技化展示提升""在解说词方面要与时俱进，根据现在社会灾难突发事件等各方面来提高""通过总结性的培训提高""希望对解说员的职称有一个统一的标准，解说词及解说设施也应该有统一的标准"。

研究者尝试提出以下策略，以促进灾害解说的开展：①制定职业标准，促进解说员专业化。②对解说员进行灾害解说培训，促进其专业发展。③解说员自身解说要运用多样方法、注重体验式学习的运用，提高自身解说技能。④促进解说设施标准化、解说词规范化，加之解说员专业化，以达到灾害解说系统的最佳合理结构，发挥系统的最大化功能。

7.2.1.4　灾害解说发展对策

　　除大众媒体外，纪念场馆、遗址地是进行社会灾害教育的重要场所，解说是该类场所进行灾害教育的主要手段，可见其重要意义，所以有必要对其进行调研，有必要对灾害解说的理论与实践开展研究。总体来说，国内场馆设施相比国外并不落后，但国内此类场所教育功能还待开发与发挥，场馆设计、管理理念、服务等软件还需要提升。关键是要充分利用解说资源、融教育于其中，重视解说研究，促进公众灾害教育的开展。尝试提出灾害解说发展对策与建议：

　　第一，相关场馆要提高认识，明确解说地进行灾害教育的任务，纳灾害教育于其工作任务之中，如规划设计理念也应明确进行灾害教育的责任。如神户人与未来防灾中心的确定几大任务为：展示保存、教育培训、科学研究。

　　第二，教育培训促进解说员专业发展。通过自我学习和教育培训提高解说员乃至解说地的解说水平，包括防灾减灾知识、能力、态度等专业能力的各个方面。研究者在对北京、唐山、重庆相关场馆游客与解说员调查中发现，解说方式偏好为：解说员的解说＞多媒体＞书籍、折页＞参观引导图＞解说牌＞电子解说器。可见解说员的重要作用，也可见对解说员进行灾害教育培训的迫切性。解说教育者和解说员都应该不断探究解说地进行灾害教育与解说的方式方法途径等问题，确保遗址地等场所灾害教育功能的发挥。解说员是行动研究的主体。

　　第三，不断深入研究解说资源，挖掘解说信息，设计解说词。解说词必须要满足科学性与合理性、通俗性、艺术性与趣味性、可行性等要求，在此基础上规范解说词，完善解说系统，保证灾害解说效果。解说词的编制要多样化考虑，解说词可以是一个基本的标准，但不是教条，我们只需要给解说词一个框架，做出适合解说地的参考解说词样本，有能力的解说员可以二次加工与临场发挥。同时，要注意把握不同年龄结构的观众的生理年龄与心理特征，做好解说词编撰工作。不断完善以解说信息为载体的解说设施。解说词的编撰中应该给出相应的使用建议与相关说明。最后，不同类型的解说地，解说词要注意不同事项，如灾害遗址纪念场所就要充分表达出对生命的尊重、充分发挥人类的主观能动性。

　　第四，作为解说系统重要组成部分的解说设施，承担了重要的解说任务，时间紧张的人们或许只是走马观花，一个信息源带去的信息毕竟是有限的，声、光、电等多种媒体的配合，才能发挥出最佳的效果，如防灾纪念馆中的环幕电影等。电子解说器要具有中英文讲解等。参观引导图要明确、直观。解说牌示的字体大小、颜色尺寸都值得研究。解说设施标准化还有很长一段路要走。但是也要体现当地特色，没有必要千篇一律。

第五，构建场馆、遗址周边和谐环境，保护解说资源，深入挖掘解说资源与信息，加强社区联系。开发设计用于课外灾害教育的课程与方案。设计一些参与式、体验式游戏，提高受众兴趣，保证良好效果。

第六，加强灾害解说方法理论与实践研究。深入探讨灾害解说规划设计；灾害解说员专业发展；解说开展社会灾害教育的方法研究；效果评价等。

简言之，通过实现灾害解说解说员专业化、解说词规范化、解说设施标准化来实现灾害解说系统功能的最大化，促进公众灾害教育。

7.2.2 大学、科研机构如何开展公众灾害教育

灾害教育可分为学校、社会与家庭灾害教育，大学既是学校灾害教育的重要组成部分，又可在社会灾害教育中扮演重要角色，大学中专业的灾害教育与面向公众的旨在科学传播的灾害教育虽属于不同层次，但能有机融合，二者共同促进灾害教育体系完善与发展。同时大学除了科学研究、教学之外，还有服务公众与社会的职责与义务。大学等科研机构如何开展灾害教育值得我们思考，结合在京都大学参与校园开放日的经历，研究者提出利用大学等科研机构的场所设施、技术人才等来提高公众的防灾素养与减灾意识的几点思考，以期取得抛砖引玉之效。

大学不仅仅进行教育、科研，更需要进行社会服务。一年一度的京都大学校园开放日既是招生宣传的手段，又是进行社会服务的契机，更是了解京大的绝佳时机。京大专门制作了宣传手册，上面标明有各所的活动时间、地点、对象、活动内容。顺便提及一下，其中去宇治川的活动有专车接送，每个地方都有指引、签到、解说的工作人员，可见重视程度之高，细节之完善。开放日历时 2 天，期间还对参与者进行了问卷调查以取得反馈，良好效果。限于时间与专业爱好，研究者仅走访了防灾所下属的各研究实体，简述如下。

科学研究设施对公众开放，可以促进公众学习对其终身发展有用、接近生活的防灾减灾知识。此次开放了地震、斜面灾害、水害、风灾、巨大灾害研究研究中心等。活动形式以专家讲座、模拟实验、小组讨论、野外考察洪水灾害遗址、灾害亲身仿真体验为主。

7.2.2.1 感受暴雨

模仿琵琶湖北部山区产生降雨，在按照一定比例设置的实物模型上，体验者可以在暴雨中行走，感受降雨与产流的关系，下多大的雨，有多大的流量，更加直观可测量。把生活感知与科学测量相结合。灾害科学不仅仅是把历年数据做模型、预测，也需要通过实验研究做模型、预测（图 7-14）。

7.2.2.2 体验洪水临门

当有流水进，有流水出，你知道当门外有水到一定高度就打不开门了吗？工作人员讲解、提出问题之后，请参与者体验，最后计算，具体可以应用力

图 7-14　感受暴雨

学知识解释之。重点是在这仿真体验过程，平时遇到这种情况的几率很少，通过这一仿真体验，参与者感受洪水灾害的危害的严重性，有利于培养公众的防灾减灾意识，有了专业知识与良好的心理状态才能临危不乱，在灾害发生的时候采取适当措施以降低灾害所带来的损失（图 7-15）。

图 7-15　体验洪水临门

7.2.2.3　流水中的行进

如何在激流中勇进，感受一下流水的力度，而不要等到灾害发生时才亲身经历，那样为时已晚。研究者也去尝试了一下，真是举步维艰。其实穿上防水的衣服裤子，感觉真得不一样，不防水的衣物在身的话，估计行走更加艰难（图 7-16）。

图 7-16　流水中的行进

7.2.2.4　滑坡

可以透过红色标记的印记清楚看到表层滑动，这需要一定时间的观测，通过调节不同坡度、含水量、物质组成等要素来等调节预测滑坡运动规律。透过此实验，也增加了公众对滑坡的直观印象与理性认识（图7-17）。

图 7-17　滑坡实验

7.2.2.5　泥石流

真实再现迷你版泥石流，泥石流在日本又称土石流，我国台湾地区也如此称谓。不同粒级的石块按照一定的比例放置在斜面上，之后注水，瞬间可以看到水石俱下，无论是孩子还是大人都明确了泥石流的发生机制，在此基础上做出预防。值得一提的是，今年我国部分地区普发泥石流，四川等地开展群防监测、及时预警，避免了人员伤亡。我国台湾地区在单位时间降水量偏大的季节，很多家庭都备有可乐瓶简易制作的雨量筒，以测量而及时预警（图7-18）。

图 7-18　泥石流实验

7.2.2.6　海啸

津波，在中文里是海啸的意思。大家还对前几年南亚大地震带来的海啸记忆犹新。教授讲解了海啸的原理之后，让大家观看了海啸的模拟实验，可见海岸边的房屋模型都卷下。这一过程中，也介绍了海岸防海啸的工程设计模型及工作原理（图7-19）。

图 7-19　海啸实验

7.2.2.7　测量河流流量

在参观完水害地形之后，参与者拿着秒表计时，后计算流速，之后通过

给定公式计算流量（图 7-20）。这既可以亲近
大自然，又可以学习知识。寓教于乐，何乐
不为呢？

7.2.2.8 建筑防震实验

防灾减灾科学应该是多学科的综合，灾
害种类多，同时，防灾减灾涉及科学研究、
应急管理、医疗救助、建筑设计、教育宣传
等多方面。通过了解建筑结构与质量（图 7-
21），可以更加明白建筑质量的重要性，提高
人们防震减灾意识的重要性。

图 7-20 河流流量

7.2.2.9 断层地震

用面粉等做地层，小朋友挤压之后，可以
看见房屋模式被淹没，这就是模拟断层地震。
实验成本不高，但是通过这一小小实验就可以
让参与者感受这一自然现象。图 7-22 中电脑展
示地震预报系统。门口一般多有如图所示紧急
救援包，联想参观所送礼物就是一应急手电筒，

图 7-21 防灾建筑实验

研究者所在的办公室门口也有（取下即可照明，不用开关，节省时间）。上侧右方
是日本应急避难场所的标志，学校都是应急避难场所，是最安全的地方。日本的
防灾减灾工作真是深入骨髓。

图 7-22 断层地震实验及设施

7.2.2.10 小组防灾政策决策

一般的防灾减灾政策都是至上而下的，
自下而上的政策制定正在成为研究热点。这
次就是民意讨论，集中了各界代表与意见，
把各自意见写在纸上，大家一起协商。感觉
还是很有意思的，防灾减灾的公众参与亟待
提上议事日程（图 7-23）。

图 7-23 小组防灾会议

7.2.2.11 灾害视频播放

通过放映灾害科学传播的宣传片，给受众以强烈的视觉刺激，提高其防范意识。不仅包括灾害发生的原理、迹象等知识，还包括如何灾前预防，如何灾中自救，如何灾后恢复等知识。不是简单的灾害历史视频再现，也不是简单的发生原理教导（图7-24）。

图 7-24　灾害视频播放

7.2.2.12 几点启示

灾害教育不仅仅是告诉受教育者如何预防灾害的具体细节等，更重要的是通过了解灾害原理、明确灾害危害、懂得防灾减灾、培育全民安全文化，以期防灾减灾政策制定、科学研究、建筑设计施工、应急管理、宣传教育相关人员都需具有一定的防灾素养与减灾意识，正确开展防灾减灾活动，确保全民安全。而这一过程中，灾害教育需要采用恰当方式、选择正确途径来进行，大学等科研机构在社会灾害教育上大有可为。

1. 利用开放日传播科学知识，培育安全文化

大学等科研机构拥有先进的仪器设备，众多的科学家、教育家，通过开放日可以让公众接近科研工作者，传播科学知识，培育安全文化。具体途径可以通过开放实验室，专题讲座、模拟实验、互动游戏等活动进行，要注重形式多样，注重受众的体验参与与实际效果。

2. 利用防灾减灾日开展主题活动

国内高校大多以"512"为契机，开展防灾减灾日宣传活动。目前存在的问题是仅以纪念标语代替一系列活动。主题活动可以包括海报、讲座、灾害地形野外考察等。通过高校带社区，学生向社会传递减灾意识与防灾素养。

3. 科研机构的网站建设

日本的天气预报网站都有灾害情报一栏，如日本气象学会 http：//ten-ki.jp/。国内的一些科研机构应该多些公众参与，利用网站平台进行防灾减灾知识传播。多些视频资料，而不仅仅是文字材料。也可以以游戏、论坛的形式吸引公众参与。同时，极端性天气现象、地震、台风都应该通过网站发布。

4. 走出去，与相关场馆互动

大学、科研机构应该定期与相关灾害教育类场馆开展诸如讲座之类的活动，积极互动，搭建平台，发挥大学、科研机构的价值，履行社会服务的义务。

7.2.3　山东地震局开展公众灾害教育案例

为进一步提高山东省地震科普示范学校管理水平，激励地震科普示范学校辅导员的工作积极性，山东省地震局于 2010 年 8 月 18 日在泰安组织召开了"山东省防震减灾科普宣教工作会议"。会议集中交流了典型单位和个人的先进经验和做法，并联合省教育厅、省科协对首批"山东省防震减灾科普宣教优秀辅导员"进行表彰和培训。会议期间，笔者通过座谈、问卷调查等形式，调查了地震局系统开展公众灾害教育的实施现状，希望通过总结山东省在防震减灾宣传教育工作方面的成功经验并进行推广，以促进我国灾害教育的全面发展。

7.2.3.1　开展公众灾害教育的职责

防震减灾宣传教育是防震减灾事业的重要组成部分，防震减灾教育也是灾害教育的重要组成分布。加强防震减灾宣传教育是提高我国防震减灾综合能力的重要战略措施。防震减灾教育的主要任务是宣传普及防震减灾知识，让社会了解防震减灾方针政策和事业发展状况，满足社会公众信息需求，动员社会参与支持防震减灾活动，营造防震减灾社会氛围，增强全社会的防震减灾意识和应急避险能力，推进安全文化和预防文化建设。广泛深入的开展防震减灾宣传教育，对于实现防震减灾总体目标，提高全社会的防震减灾总体能力，具有十分重要的意义。

加强防震减灾宣传教育，对于实现防震减灾奋斗目标、动员社会参与防震减灾活动具有重要的基础作用。加强防震减灾宣传教育，是推进预防文化和安全文化建设、提高全社会防震减灾整体能力的重要保障。

7.2.3.2　开展灾害教育的新模式

近年来，山东省各地注重了以防震减灾五进一暨"进机关、进学校、进社区、进企业、进农村"为重点的宣传活动，分别面向不同受众，使防震减灾宣传的范围和深度不断提高。同时，为了提供宣讲水平，山东省地震局组织制作了针对不同单位性质、听众特点的"五进"课件，取得较好效果。以下仅选取部分案例作简要介绍。

（1）通过在城市广场、社区宣传，利用社区科普宣传栏宣传，到城市社区开展科普讲座等方式，推进了防震减灾进社区的活动，部分市还开展了地震安全社区的创建活动。另外，通过对城市地震救援志愿者队伍的培训和举办专项演练活动以及应急避难场所命名及现场会等开展宣传活动，对社区地震安全也起到了很好的作用。如聊城等市在5月1日《中华人民共和国防震减灾法》颁布实施日、5.12全国"防灾减灾日"暨汶川大地震纪念日、7.28唐山大地震周年纪念日等特殊日期开展形式多样的宣传工作，并利用电视、广播、报纸、网络等媒体进行广泛宣传。

（2）部分市通过到大中型企业开展防震减灾宣传活动，开展防震减灾知识讲座等形式，推进大企业的地震安全。如潍坊市多年来坚持向重点工程建设单位、人员密集场所经营单位加强防震减灾特别是抗震设防、地震安全性评价法律法规等方面的宣传，通过宣传，提高了广大业主的法律、法规意识。

2006 年以来，该市重大建设工程地震安评数目不断增加，在全省位居前列。商场、医院等人员密集场所及生命线工程，易燃、易爆等次生灾害工程均按要求落实了安评措施，并完善了各自的地震应急预案。

（3）各市通过召开防震减灾工作领导小组会议、座谈会以及开展大型宣传活动机会，向政府及有关部门领导宣传防震减灾知识，通过在机关组织防震减灾知识竞赛、在政府广场、机关办公楼前摆放防震减灾宣传展板，向政府工作部门宣传防震减灾知识，提高机关工作人员防震减灾意识。

（4）各市、县（市、区）地震、教育、科协等部门不断开展市、县两级地震科普示范学校的创建和命名工作。2004 年济南市按照上级文件精神，结合实际，制定方案，确定了"抓好典型、以点带面、巩固提高、逐步推广"的地震科普示范学校创建思路。首先选取硬件基础好、师资力量强、学生素质高的学校，创建了 4 所省级、7 所市级地震科普示范学校。利用中国减灾世纪行山东站启动仪式时机，举行了隆重的授牌仪式，中国地震局、中国灾协、省地震局、市政府领导出席并向各示范学校授牌，省市各大新闻媒体进行了现场采访报道。仪式现场还向每个示范学校赠送了 2000 册《青少年防震避震知识》读本和 1 个青铜张衡地动仪模型。授牌仪式拉开了该市地震科普示范学校创建活动的帷幕。自此该市每年都组织中小学校分批申报，几年来已有 66 所中小学经审查评定，先后被命名为省、市级地震科普示范学校，位居全省前列。市、县两级地震、教育、科协部门定期沟通协调，建立了良好的工作机制和制度。每年共同组织 1 次示范学校申报、1 次命名授牌仪式、1 次经验交流会、1 次检查考评；市教育局将地震局编写的地震科普知识作为重点，编入《济南市中小学生安全常识》，发放到全市每一个中小学生手中，并将地震常识纳入到中小学校教学计划中；市、县地震局每年在每个示范学校举办 2 次科普讲座、开展 2 次地震应急演练；市科协科普大篷车经常开进学校，向师生宣讲地震科普知识。各示范学校把地震科普教育作为常规工作，每年制定方案，对人员、经费、场地、课时、活动做出安排，选拔了一批责任心强、业务水平高的教师担任专兼职地震科普辅导员，作为骨干重点培养，提高他们的地震科普素养。机制的建立、体系的形成，为巩固和推进地震科普示范学校建设奠定基础。各示范学校充分利用并投资建设了一批校园橱窗、壁栏、黑板报、电教室、教室地震科普角、科普展览室（馆），充实和增加各类地震科普实物、模型、图片和视频资料，使之成为能长期开展地震科普教育的阵地。历城一中作为全市首批地震科普示范学校，投资上百万元建设了地震科普馆。馆内展览内容丰富，既有图片，又有地震观测仪器实物及岩石、矿物、化石，并在校园内安放了全市学校中最大的地球仪、地动仪模型，形成了浓郁的地震科普氛围。省人大、市委、市政府有关领导多次视察该校，对普及地震科普知识的做法给予了充分肯定。济南育贤中学投入 70 多万元，配备了

ICOM 短波应急通讯电台、GPS 卫星定位系统及镐头、铁锹等救护工具，在教学楼内安装了应急照明灯及求助信号发射器，并为每个学生备好了装有手电、水、药品、食物的地震应急小书包。各示范学校条件的改进，保证了地震科普教育的持续、有效开展。另外，济南市不断探索和丰富学校科普宣教形式，力求取得最佳效果。又如菏泽市牡丹区第二十二中学是山东省首批地震科普示范学校。该校高度重视地震科普教育工作，始终坚持在"普及"上做文章，在"创新"上下功夫，积极开设防震减灾校本课程，通过课堂教学、模拟演练、及多种形式的主题活动，增强师生乃至学生家长的防震减灾意识，培养其防御地震灾害的自觉性及主动性，提高在地震灾害中的自救互救能力。

（5）部分市、县（市、区）地震部门通过科普村村通宣传栏，大力推进了地震科普进农村活动，另外，市、县两级地震部门利用防灾减灾日、唐山地震纪念日、科技周、科普宣传周等时段经常组织地震科技下乡宣传活动，推进地震科普知识在农村的宣传。如威海市针对农村的农居抗震能力差，农民防震减灾意识淡薄，从历次地震的损害程度看，往往是地震的重灾区这一实际情况，近几年来，地震局依托农村普遍建立的"科普村村通宣传栏""农村远程教育网络""妇女之家"等活动阵地，因地制宜，见缝插针，不断加大防震减灾宣传的力度和频率，在创造氛围的同时，又在全市 68 个镇（街道办事处）设立了防震减灾助理员，在全市 2619 个自然村设立了集宏观测报员、震情灾情速报员、防震减灾知识宣传员于一身的防震工作人员。这些人员通过培训，考核上岗后，结合新农村建设，宣传农村房屋抗震设防、识别地震谣传、宏观异常、防震避震等方面的知识，不断消除广大农村群众"谈震色变"的恐震心理和"大震难遇"的麻痹思想，为切实增强农村民居的抗震能力，指导农村群众科学避震，有效减轻地震灾害起到了不可替代的作用。

除此之外，山东省地震局还结合"媒体"进行科普宣教工作，结合"灾害教育类场所"进行公众教育，取得良好效果。

（6）各地注重发挥了新闻媒体在地震新闻和科普宣传工作中的作用，除了对重大会议、重要活动以及地震事件的报道外，还结合地震应急救援演练、志愿者队伍成立、避难场所建设等机会通过媒体进行宣传报道和宣传，市、县地震部门还经常通过报刊刊登地震科普知识，通过电视播放专题片、接受专访、互联网媒体和单位信息网等方式开展防震减灾知识宣传。如青岛市成立应急宣教志愿者服务队，为加强青岛市应急宣教志愿者队伍建设，普及应急管理知识，增强全民应急意识，青岛市地震局与市团委、市应急办联合成立了青岛市首批专业化应急宣教志愿者服务队。该市建设"12322"防震减灾公益服务热线。12322 热线具备防震减灾知识宣传教育、防震减灾业务咨询、地震灾情速报、地震宏观异常报告等功能，充分发挥了防震减灾宣教阵地的作用。

（7）利用地震遗址公园等灾害教育场所开展防震减灾教育。1668 年郯城大地震造成的熊耳山山体大崩塌遗址，崩塌散落面积达 25000 平方米，2006 年被中国地震局批准为国家级典型地震遗址。熊耳山崩塌遗址，壮观、震撼人心；双龙大裂谷，独特、全国罕见，是开展地震科普教育的绝好场所。为了充分利用熊耳山地震遗址开展地震科普教育、同时加强对地震遗址的保护，枣庄市地震局于 2004 年在此地建设了熊耳山地震科普教育基地。基地占地 8 亩，总建筑面积 1000 平方米。其中，科普展馆面积 700 平方米，地震综合台面积 300 平方米。展馆分为三个展区，北区为地震历史和地震知识展区，中区为 4D 动感影院，南区为影视厅。2006 年 5 月被中国地震局认定为"国家防震减灾科普教育基地"，2007 年 10 月被省科学技术协会命名为"山东省科普教育基地"。熊耳山地震科普馆建馆以来，每年参观人数在 2 万人以上，大大提高了地震科普知识的普及面，确实起到了宣传阵地的作用。

7.2.3.3　加强公众灾害教育的措施、建议与思考

1. 措施

①在进学校方面，继续推进市县两级地震科普示范学校的建设，尤其推进扩大县级示范学校数量。②在进社区方面，积极开展地震安全示范社区的创建，通过示范带动，逐步扩大城市社区的深入宣传范围，丰富宣传内容，提高社区宣传实效。③在进农村方面，进一步加强与科协部门合作，通过科普村村通宣传栏，扩大地震科普宣传的范围，继续推进市、县两级地震部门科技下乡活动。④积极主动地为城市社区、学校、机关、企业举办防震减灾知识讲座。特别是在防灾减灾日前后。⑤充分发挥电视和报刊等媒体的作用，加强与媒体联系，定期播放或刊发防震减灾科普知识。

2. 建议

①定期举办防震减灾宣传教育工作交流会或座谈会，表彰在防震减灾宣传教育工作中作出突出贡献的单位和个人。②各级地震部门组织编制适合当地特点、实用于各类宣传对象的防震减灾宣传资料。③增加各级地震部门防震减灾宣传教育的经费预算。

3. 思考

学校灾害教育是灾害教育体系（学校、公众灾害教育维度划分）的重要组成部分，学生、教师防灾素养的提高有利于向家庭与社区传播，进而提高全体公民的防灾素养。地震局等相关机构是开展公众灾害教育的中间力量，公众灾害教育是灾害教育的重要组成部分。通过构建科普示范学校，可以有效地提高师生的防灾减灾能力，达到良好的教育效果。科普示范学校是地震局与教育系统密切合作联动的产物，在现有学校灾害教育课程实施不力的现状下，其是一种开展灾害教育的有效模式。如同环保部门与教育部门开展的"绿色学校创建活动"，同时，国外经验表明，以社区为单位开展公众教育效

果较好，安全示范社区的建设如同科普示范学校建设，值得进一步推广。

农村地区极具脆弱性，应继续大力开展科普宣教"进农村"，灾害易损问题归根到底是经济发展水平及教育程度问题，公众教育应该关注落后地区、关注脆弱性，提高其御灾力。同时，应充分运用媒体、灾害教育类场所等平台，采用合理方式积极开展公众教育，提高全民防灾素养，培育安全文化。

7.2.4 学术组织的作用——美国灾害教育组织概况

通过整理分析 EDEN2011 年会所收集的信息，着重介绍美国灾害教育协会（Extension Disaster Education Network，EDEN）、美国国家防灾培训中心 NDPTC 等组织概况，探讨学术组织在公众灾害教育中得作用，以管中窥豹。

7.2.4.1 美国灾害教育协会（EDEN）

1. 简介

EDEN 的宗旨是减少灾害的影响，EDEN 的使命在于通过灾害教育研究减轻灾害的影响。只要受到灾害的影响，人们就需要灾害教育的相关资源。放眼未来，EDEN 的首要目标是提高国家灾害预防、灾害响应、减轻灾害，以及灾后重建的能力。EDEN 的大学成员都希望加强 EDEN 解决灾害问题的能力，并为国家提供基于研究的灾害教育。不同种类和规模的灾害都会对社区构成持续威胁。虽然不是所有的灾害都能够被预报，但是人们能够减轻这些灾害的影响—这也就是 EDEN 的功能所在。EDEN 的目标在于通过教育减轻灾害的影响。由于所有灾害的影响都是局部性的，所以 EDEN 就为各地区的教育者提供他们所需要的工具，来帮助当地的社区和居民来准备、响应各种自然和人为灾害，并从这些灾害中恢复。

EDEN 从 1993 年北部中心区域的一个集团，成长为今天一个包括 Sea Grant 系统（2007）的国家组织，证实了这个网络的价值，以及它在当地规划中的地位。EDEN 的 200 多位具有专业知识和技能的代表来自 75 个不同学科领域，代表了各个州或者地区大学中的成员机构。每个成员机构中的代表都是 EDEN 中的连接点。EDEN 代表主要是从他们所在机构的角度进行有关灾害问题的网络探讨。这些代表不仅连接了这个网络和他们所在的机构，也连接了他们所在的机构和其他地区、州以及联邦机构，增加了 EDEN 在灾害教育中发挥作用的深度和广度。EDEN 的成功所带来的信誉对来自全国各地的代表产生了深刻影响，这些代表把 EDEN 的服务融入了他们已经非常繁忙的日程安排。

EDEN 的作用可以概括为如下几个方面，①减灾：帮助社区学习如何识别并减轻灾害，建立社区与减灾机构之间的联系。②预防灾害：通过宣传与教育帮助社区为紧急灾害做准备。③灾害响应：和其他响应灾害的机构合作，评估灾害带来的影响。④灾害重建：通过委员会的工作，以及个体一对一的培训工作，使受灾社区从灾害中恢复，步入正轨。

2. 创建

Extension Education 是针对非在籍学生的教育，类似但区别于中国成人教育，是大学社会服务功能的发挥，也可以理解为公众教育。1993 年密西西比州密苏里河发生了洪水灾害。Extension 对这次洪水灾害做出了预防、响应和重建工作。EDEN 就是在 Extension 的这些工作的基础上创建并发展起来的。EDEN 从 1993 年洪灾中得到的主要经验教训有：①遭受洪灾的州缺乏有效应对洪灾的资源，也没有足够的能力有效处理专业知识、技术援助、社区规划和重建等方面的信息。②各种应急机构之间需要更多的协作，同时也需要制定统一的重建标准。③Land grant system 是应急管理机构的一笔巨大的资产。④Extension 是由当地组织发动的。在很多地区，Extension 在应急管理中发挥着教育的功能。⑤市民依靠 Extension 提供的资源和技术来开展灾害的预防、相应和重建工作。然而，个别的州仍然缺乏应对重大灾害的能力、研究信息，以及相应的技术。⑥持久的社区恢复力的构建取决于三个关键的团体或者机构：当地政府，志愿组织，Extension。1993 年洪灾过后，EDEN 改写了 Extension 有关分享灾害教育信息的专业计划。随着网络的形成，以及更多信息的汇集，网站已经成为分享资源的场所。越来越多的草根网络为教育者提供了联系专家、获取资料的快捷有效的方式，因此也为关键时刻信息的传播节省了宝贵的时间。密西西比州密苏里河特大洪灾发生三年以后，E-DEN 在密西西比州举办了第一次年会。第二年，Extension 的员工以独立于北部核心区域的身份参加了新奥尔良会议，EDEN 从此就逐渐发展为一个全国性网络。截止 2005 年，美国所有的 50 个州和三个地区都已经拥有了机构会员。

3. 工作

EDEN 的工作包括管理协会、构建专业组织机构、网络维护、与其他机构建立合作关系、领导社团等方面，具体如下。①管理协会 美国所有州和地区的 Extension 和 Sea Grant 的管理人员都把网络管理看做当地最重要的工作。代表们全年都保持联系，从他们自己所在机构的角度讨论应对灾害的需求等问题。资源和项目就是直接产生于这些网络讨论。除此之外，当灾害发生时，网络在认定和开发应急资源方面发挥着关键作用。②构建专业组织机构 在这个专业组织机构中，代表们分享教育资源和技术。设立了一个执行委员会来监督这个网络的总体运行方向。这个委员会包括一个主席，一个选举主席，一个秘书，常务委员会的所有成员，以及国家食品与农业研究所（NIFA）的代表，Extension Committee on Organization and Policy（ECOP）的代表，如果必要，还包括其他代表。这个委员会包括来自东北部、南部、中北部和西部地区的代表，包括赠地大学，以及 Sea Grant 机构。③网站维护这个网站包含了相关的问题和议题、学习机会、成员机构的数据库资源等方面的信息。如今，EDEN 的网站已经运行了 15 年，包含大量基于地区、州以及国家需求而组织并整理的研究信息。这些信息涉及自然、农业、动物、家庭、社区、人类健康、灾害等多方面。④与其他机构建立合作伙伴关系 E-DEN 与疾病防治中心（CDC）共同授权了有关疾病预防的在线学习工具。E-DEN 也与国土安全预防部门建立了成功的合作关系，为全国预防月成功宣传了与学校、企业、多元文化意识、家庭预防等相关的媒体信息。与州或者地区的应急管理协会、国家农业与健康部门、红十字会等非政府组织，以及其他的灾害教育机构建立合作关系。国家和地方的合作能够加强各个机构向所有市民传播灾害信息的能力。⑤领导社团 社区实践社团于 2006 年成立，2008年开始被公众所了解。这个社团为 EDEN 的代表以及其他具备灾害相关知识与技能的人员提供了一个向公众宣传灾害教育的平台。这个社团最初只是关注暴力犯罪和洪灾，但是随着新的工作团体的融入，其关注的范围也逐渐扩展。

4. 贡献

在每次灾害来临之时，EDEN 都作出了积极的应对。①"九一一"事件EDEN 第一次有组织的行动发生在 2001 年 9 月 11 号。在双子塔倒塌的那几分钟之内，EDEN 的成员正在共享有关如何告诉孩子们恐怖主义的相关信息。那天，有多于 24，000 的教师和保育人员下载了这些有价值的信息，并把这些信息散发给了孩子父母。在接下来的几周，由于美国人开始关注恐怖主义等方面的问题，EDEN 的代表建立了一个有关恐怖主义的网页。②疯牛病 还记得 2003 年 12 月 23 日么？一头华盛顿的牛被认定患有疯牛病，这导致消费者购买牛肉的量急速下降。养牛业努力避免之前英国的养羊业和养牛业所经受的负面影响。EDEN 的代表迅速团结在一起，提供有关疯牛病的研究信息。EDEN 创建了有关疯牛病的网页，为 Extension 的教育者提供向各类公众讲解的资源。③卡特里娜飓风 当卡特里娜飓风在 2005 年的秋季袭击美国时，Extension 做好了社区重建的准备。通过 EDEN，Extension 帮助减灾机构满足了受灾人群的需求。在许多情况下，Extension 教育者和地区的员工不能把汇集的网络信息及时宣传给需要的机构，但是也没有其他更快的方法。Extension时刻准备着灾后重建工作，因为 EDEN 训练为代表提供以往的经验教训等信息。Extension 有很多资源，并且为农业生产者、小企业主、家庭、流浪宠物，以及其他很多人建立联系。除了生存和安全等最基本的需求以外，居民还需要学会如何应对被淹的家园、食品安全、农作物的损失、倒了的树木、发电机等情况。作为一个组织，EDEN 发表了上百份有关满足居民这些需求的文件，并且 EDEN 的传播者把这些信息共享给了受灾最严重的地区。④流感 2009 年，墨西哥检测到了甲型 H1N1 流感（猪流感），并迅速蔓延到美国。美国卫生部在 4 月 26 日公布了一份针对这次流感的公共健康紧急文件。E-DEN 马上做出响应。EDEN 的代表们为他们所在的机构确定了正确的应对措施，描述了具体的资源情况，并详细的指明了那些没有得到满足的需求。他们把这些资源进行了编辑，放到 EDEN 的网站上，并连接到了有关灾害问题的网页上。

5. 资源

　　EDEN 资源包括：在线学习的机会、区域性会议、"消防队"、加强社区农业安全计划，具体如下。①在线学习的机会：EDEN 所提供的在线学习机会，范围从动植物流行病到业务准备。每一项都是 EDEN 专业人员向特定公众进行宣传教育的内容。②区域性会议：从 2007 年开始，EDEN 都会选举出成员机构来举办区域性会议，以解释并宣传 EDEN 在动物流行病和食品保护与安全方面发挥的重要作用。③"消防队"：EDEN 组织了很多机构，为可预测的灾害提供资源与信息。最初的消防队为包括禽流感和食品与农业预防提供资源与信息。④加强社区农业安全计划 S-CAP（Strengthening Community Agro security Planning）：S-CAP 是由国家食品与农业研究所提供资金设立的项目。设立 S-CAP 的目的在于研究并开发一种模型工具，来协助 Extension 教育者开发农业紧急事务应对计划。

6. 伙伴

　　为了从 1993 年的洪灾重建工作中吸取教训，CSREES 最初投资了 80000 美元资金，以把 EDEN 建设成一个正式的组织。从那以后，CSREES 为 E-DEN 的多项工作都给予了持续的帮助，比如协调和沟通工作、网站的开发与维护、课程开发、培训、资源开发、在应急管理相关的特殊需求，以及其他与灾害相关的工作。EDEN 的成员机构并不需要支付会费，或者接受评估，但是需要指派至少一个代表参与到网络建设工作中来。据保守估计，EDEN 的网络工作每年为赠地大学节约了大约 120 万雇员时数。

　　从一开始，EDEN 就与各种机构和组织建立了正式和非正式的合作伙伴关系，以履行自己的使命：通过共享教育资源，来减轻自然和人为灾害的影响。与 EDEN 建立合作伙伴关系的机构或组织包括：

　　疾病控制与预防中心（Centers for Disease Control and Protection）

　　卫生部（Department of Health and Human Services）

　　国土安全部（Department of Homeland and Security）

　　联邦紧急事务管理署（Federal Emergency Management Agency）

　　全国外来动物传染病预防中心（National Center for Foreign and Zoonotic Animal Disease Defense，Texas A & M

　　明尼苏达大学，全国食品安全预防中心（National Center for Food Protection and Defense，University of Minnesota)

全国植物诊断网络（National Plant Diagnostic Network)

国家气象服务（National Weather Service)

美国农业部（U. S. Department of Agriculture)

国家灾害志愿组织（National Voluntary Organizations Active in Disaster)

7.2.4.2　国家防灾培训中心（NDPTC)

1998年，"美国国内准备联盟"（The National Domestic Preparedness Consortium，NDPC）得到美国国会的授权，主要是作为国土安全部门（DHS）、联邦应急管理局（FEMA）、国家灾害预防委员会的协作伙伴，根据国家的需求，识别、开发、测试并宣传灾害预防的方法。NDPC是美国国家安全部、联邦应急管理局赞助成立的专业组织，与几个国家机构之间保持有合作关系，这些国家机构的设立是基于应对大规模杀伤性化学、生物、放射性和爆炸性武器，提升应急反应能力的考虑，为反恐做准备。NDPC包括以下成员：国内准备中心（CDP）；含能材料研究测试中心（EMRTC）；国家生物医学研究培训中心（NCBRT）；国家应急救援训练中心（NERRTC）；反恐行动支持（CTOS）；国家地面交通应急反应中心（NCERST）；国家防灾培训中心（NDPTC）。最初，这种灾害包括化学、生物、辐射、核能以及大规模的杀伤性武器。2007年，随着国家灾害预防培训中心（NDPTC）在夏威夷大学的建立，NDPC的职能扩展到了自然灾害预防方面。本文主要介绍国家防灾培训中心。

1. 功能

国家灾害预防培训中心（NDPTC）旨在确保社区能够更好的应对自然灾害，以及能够更快更好的从自然灾害中恢复，为此，该机构致力于开发与宣传以下课程与项目：①国土安全；②灾害管理；③灾害科学。国家灾害预防培训中心（NDPTC）比较关注自然灾害、沿岸社区，以及岛屿和边疆区域的特殊需求与机遇。这个机构完全致力于与合作伙伴、利益相关方，以及社区协作，以成为一个灵活并且可靠的机构。由于国家灾害预防培训中心（NDPTC）关注于应急管理、执法、消防、急救医疗服务、公共设施、城市规划，以及其他相关的领域，因此这个机构不仅从事可持续教育，而且也竭力融入常规的学术项目之中，为在国土安全与应急管理部门的工作人员提供教育机会。

2. 课程

该中心常年提供以下免费课程，①海啸意识 是一种介绍海啸灾害基本知识的课程，以增强公众的海啸灾害意识。②沿岸社区恢复力 是一种关注沿岸社区恢复力的灾害意识课程，课程重点在于为沿岸社区构建一个统一的规划、准备、响应与重建的框架。③火山灾害意识 这门课程共一天半，为参与者介绍影响火山灾害的各种复杂因素。④沿岸洪水灾害意识 本课程除了培养沿岸居民的洪水预防、响应和重建能力以外，还重点介绍洪水灾害对沿岸建筑以及自然环境的整体影响。⑤抗飓风社区规划与建筑设计 这是一门为期两天的实践课程，为专业人员提供抗飓风社区与抗飓风建筑的相关知识与训练。⑥关注灾害响应与重建的社会媒体课程 该课程是一门实践课程，关注于用社会媒体来增强公众的灾害预防、响应与重建的意识。⑦关注老年人特殊需求的自然灾害意识 本课程主要是关注老年人的特殊需求，为护理人员提供有关自然灾害预防以及灾害事故应急管理的相关知识与意识。⑧提升专业人士自然灾害意识的课程 这门课程主要是为安全专业人员提供相应的知识，使他们能够在自然灾害发生时，能够迅速做出响应，并帮助当地的机构预防自然灾害。

3. 使命

国家灾害预防培训中心（NDPTC）有着独特的地理和文化定位，旨在通过和政府、私人、部落、非营利性的组织以及社区协作来开发并宣传灾害预防、响应和恢复方面的培训课程。国家灾害预防中心涉及城市规划、环境管理等方面的内容，强调社区预防和脆弱群体的特殊需求。联邦应急管理局对与其他联邦政府、国家、地区、部落、志愿组织、商业、工业以及个人的合作给予高度重视。国家灾害预防中心把"社区恢复力"定义为："社区能够从地震等灾害中迅速恢复，并且通过灾害事件能够学会更好的准备与应对未来灾害事件的能力。"

4. 方法

国家灾害预防培训中心（NDPTC）关注于应急管理、执法、消防、急救医疗服务、公共设施、城市规划，以及其他相关的领域，因此这个机构不仅从事可持续教育，而且也竭力融入常规的学术项目之中，为在国土安全与应急管理部门的工作人员提供教育机会。这种方法是基于夏威夷的核心教育资产。夏威夷的核心教育资产包含具有学士、硕士、博士学位的公立高等教育，以及州系统中的公共小学和中学教育。我们的方法之所以以夏威夷的核心教育资产为基础，是因为我们意识到夏威夷具有丰富的太平洋文化遗产，而太平洋文化遗产具有宝贵的有关社会、经济、政治可持续发展的经验。灾害管理者和第一响应人员需要对当地的社会文化背景，以及灾难响应与恢复机构和组织的专业文化，都有透彻的了解。文化主管人员以及合作人员能够促进产品和服务向更好的方向发展，增加有意义的人际交往经验，并提高那些致力于构建具有恢复力社区的人员的满意程度。

7.2.4.3 几点启示

（1）以更广的视角看待灾害和灾害教育。美国的灾害教育内容不仅包括了自然灾害、也包含了人为灾害，还包含了医疗卫生灾害、食品安全等范畴，并十分关注灾害对农业等承灾体的影响，这提示我们应该改变传统观念，丰富灾害教育研究内容，使其系统化、完善化，进而拓展其价值。

（2）成立灾害教育研究中心，开展理论研究与社会服务。大学、科研机构应该及早成立灾害教育研究中心，开展相关理论研究，如对灾害教育课程内容、教学方法及效果评价的研究，以推进灾害教育实践，达到理论与实践相统一，最终促进灾害教育的开展。同时，众所周知，大学除了科研、教学功能外，还须进行社会服务，EDEN 模式（社会服务）对我国公众灾害教育的开展具有指导意义，我国大学应该在公众灾害教育中发挥更重要的作用。

（3）成立我国灾害教育学会，开展国际合作。美国相应机构较多，教育效果良好。首先，应建立我国此类机构，可由政府机构、学术组织、或 NGO 等承担此项职责；在此基础上开展国际合作与交流，通过教育减轻灾害的影响，培育安全文化、建设安全安心社会。

7.2.5 期刊媒体传播

2005 年联合国国际减灾战略秘书处与亚太广播联盟合作，共同发展灾害教育。亚太地区广播协会拥有 102 个电台和电视台，联合国国际减灾战略秘书处就打算利用这些电台和电视台，发展广播和电视节目，帮助亚太地区的人们应对自然灾害。在 2005 年 6 月 13～16 日，也就是亚洲和太平洋的经济和社会大会举办期间，有超过 30 名来自印度洋地区的广播公司参加由 CNN 在泰国曼谷举办的媒体讲习班。媒体是进行减灾教育重要的合作伙伴，媒体不仅仅是预警链的一部分，同时也是社区灾害教育的较好途径。灾害教育不仅应该只在学校课程中进行，还应该通过媒体进行社会教育、公众教育。尤其是在非洲、拉丁美洲以及加勒比海地区等发展中国家，利用媒体可以让更多的人了解防灾减灾知识。人们越清楚自己直面的风险，在灾害来临的时候，他们就有更多的机会来拯救自己的生命。

在对正规（灾害教育）、非正式（解说）研究之后，需要从非正规传播的视角分析期刊媒体如何进行灾害教育（图 7-25）。媒体的报道方式值得研究，仅以日本东海 9.0 级地震分析，值得注意的是：从这次灾难来看，地震、海

图 7-25 灾害传播、教育与解说三者的关系

啸以及仍在处埋的核辐射问题，给日本人民带去了沉重的痛苦，但日木人民在灾害后的冷静、讲究秩序等传达给了世界，让人们不得不肃然起敬，这与较高的防灾素养、"不给他人添麻烦"的国民文化特性、末日文化与完善的应急管理体制是分不开的。同时，还给周边国家带去了一些的影响，如中国地区出现的盲目抢购食盐、美国抢购放毒面具与药品等的现象，值得我们分析和思考。大众的消息来源主要来自于媒体，媒体以何种视角报道值得研究。是遮遮掩掩、不予报道，以换取一时的稳定；或是仅仅以眼泪博得大众的同情，悲天悯人；还是报道客观积极的救灾进度，给人以希望。

相关学术期刊编辑在论文写作之初就对本研究表现出极大兴趣，他们认为："灾害教育理念的还需要普及，还有很多工作需要做，期刊媒体大有可为。"如《城市与减灾》对研究者论文进行了连载，《教育学报》以此为学术专题征稿。此外，《灾害学》《防灾科技学院学报》《生命与灾害》《防灾博览》等灾害类期刊；《中小学校长》《教学与管理》等教育类期刊；以及一些地理类期刊都刊登了研究者系列文章，引起学界较大关注，这也不失为一种灾害教育，起到了很好的教育效果。广播系统也成立了应急广播，不失为一种关注与努力。灾害管理部门要积极借力微博、微信等新媒体工具，扩大防灾减灾知识传播范围，保证灾害管理信息发布的时效性、科学性与教育性。

我们应该从应该较大的范畴，较长远的眼光来看待其价值，人们有一定防灾素养之后就能在其日常生活中、在其专业工作中注意存在的这些问题并解决之，如建筑设计与施工、政策制定、科学研究等多方面。防灾减灾是一个系统工程，不是一个专业就能使其完善，灾害教育、解说、传播都是使公民觉醒，提高公众的灾害意识与防灾素养，坦然面对灾害，做好应对，重塑新型人地关系，构建安全安心社会。

7.2.6 非政府组织 NGO 的作用

7.2.6.1 国内 NGO 案例

现代公民社会发展进程中，防灾减灾中 NGO 的作用越来越会突显，所以开展 NGO 开展灾害教育作用研究很有研究价值与意义。中国儿基会与"安康公司"合作启动校园安康计划，其中包括对四川地震后灾区教师的培训、东北旺小学地震教室等项目；也在杭州开设了安全教育网等，取得了一定效果。

亚洲基金会、中国教育科学研究院曾开展"学校防灾减灾能力提升项目"，通过编撰防灾减灾教育教师读本，录制在线学习课程，组织相关专家赴江西省井冈山市、成都市、杭州市开展相关培训，提高学校管理者、教育者的防灾素养水平。壹基金雅安灾后重建项目，曾通过邀请专家学者开展培训，编写教材，志愿者参与"减灾小课堂"等形式，提高当地灾后教师灾害教育能力。相关部门应该尽早组织教师培训，灾害管理部门、大学等科研机构也应该积极参与其中。

壹基金关注灾害救援、管理及减灾教育工作,具有一定的影响力,开发了相关培训课程并进行了教师培训,利用志愿者网络对学生开展灾害教育并取得了一定成果,其模式值得推广和学习。

地震局应该发挥主导作用,由于地震为群灾之首,且不可预测,与气象洪涝灾害、海洋灾害、生物灾害不同,掌握一定的防震减灾知识及技能可以有效降低地震灾害及次生灾害所带来的损失。总之,灾害管理部门、非政府组织都应该积极参与防灾减灾能力提升建设项目,无论是提供资金、还是提供技术支持、人员支持,防灾减灾需要社会各种力量为之贡献力量。

结合之前相关的培训案例分析可知,培训、专家讲座、防灾演练等都是较好的灾害教育师资培训形式。培训应重视防灾技能训练与防灾知识获取,积极运用参与式培训等形式。此外,还得重视灾害经历的传承、体验式教学方式的运用。关注落后地区,关注脆弱性,体现社会的公平正义。

7.2.6.2　美国红十字会

在1999年,在奥尔斯泰特基金会的支持下,美国红十字会设计开发了"灾害的主人"(MOD)课程,向教师和学生传授灾害安全知识。该计划的目的在于:使5～14岁的儿童及其家人能了解灾前准备的信息,通过向他们传授相关知识和技能,以及向他们提供一些灾前准备的有效工具,改善他们的防灾行为能力。其所编辑的资料包括的内容有:飓风、龙卷风、洪水、地震和闪电的防备;住宅和野外防火安全的技能和信息;家中的损伤预防;灾后恢复。其专门为各年级设计的工具包的内容包括:教案、真实的案例研究、心理社会支持建议、备忘录、游戏、活动手册、视频、海报、竞赛、贴纸和证书。在常规学科(如数学、地理、地球科学、社会研究等)学习与灾害相关的内容时,都会将灾前准备资料作为辅助材料。在六年里,MOD计划已经使520万儿童受益,该计划已获得了四项重要的大奖。更重要的是,该计划已正式成为全国各学校课程体制的一部分。

家庭准备计划主要包括如何准备急救包;如何制定防救计划;评价计划;通讯信息;紧急行动步骤。如急救包应包括水、食物、手电、收音机、医疗急救箱、药物、电池、多用途工具、私人文件、手机、紧急联系信息、现金、避难毯、地图。

7.2.7　小结

研究选择不同公众灾害教育实施主体分析其在提高公民防灾素养的作用,以明确公众灾害教育的开展方向。媒体、NGO的角色与作用需要进一步深入研究,大众的消息来源主要来自于媒体,媒体对突发灾害事件的报道方式、报道内容、报道视角都至关重要并值得研究。

灾害遗址、灾害纪念公园是重要的社会灾害教育场所，防灾纪念馆等场所要使用恰当的教育方式与方法，解说是该场所进行灾害教育的手段之一。政府部门应该统一协作，明确责任，如地震局开展防震减灾科普示范学校建设活动，通过由上而下的形式，提高学生防灾素养，之后向社会公众传递。学会组织应该通过学术交流，开展基于研究的灾害教育。NGO 在公民社会建设过程中意义重大，与基于社区的公众灾害教育开展模式尚需进一步研究。

总之，公众灾害教育实施主体应该统一协作，形成合理结构，发挥更大的功能，通过教育减轻灾害所带来的影响。如开展全民防灾周运动，开展以社区为单元的公众教育，使民众形成"自助为主，共助为辅，公助为补"的意识，自力更生，在灾害来临时最大程度保护自己的生命，共同促进公众灾害教育的开展，提高全民防灾素养。

附录 突发事件应急演练指南

国务院应急管理办公室应急办函〔2009〕62 号

1 总 则

根据《中华人民共和国突发事件应对法》、《国家突发公共事件总体应急预案》和国务院有关规定，为加强对应急演练工作的指导，促进应急演练规范、安全、节约、有序地开展，制定本指南。

1.1 应急演练定义

应急演练是指各级人民政府及其部门、企事业单位、社会团体等（以下统称演练组织单位）组织相关单位及人员，依据有关应急预案，模拟应对突发事件的活动。

1.2 应急演练目的

（1）检验预案。通过开展应急演练，查找应急预案中存在的问题，进而完善应急预案，提高应急预案的实用性和可操作性。

（2）完善准备。通过开展应急演练，检查应对突发事件所需应急队伍、物资、装备、技术等方面的准备情况，发现不足及时予以调整补充，做好应急准备工作。

（3）锻炼队伍。通过开展应急演练，增强演练组织单位、参与单位和人员等对应急预案的熟悉程度，提高其应急处置能力。

（4）磨合机制。通过开展应急演练，进一步明确相关单位和人员的职责任务，理顺工作关系，完善应急机制。

（5）科普宣教。通过开展应急演练，普及应急知识，提高公众风险防范意识和自救互救等灾害应对能力。

1.3 应急演练原则

（1）结合实际、合理定位。紧密结合应急管理工作实际，明确演练目的，根据资源条件确定演练方式和规模。

（2）着眼实战、讲求实效。以提高应急指挥人员的指挥协调能力、应急队伍的实战能力为着眼点。重视对演练效果及组织工作的评估、考核，总结推广好经验，及时整改存在问题。

（3）精心组织、确保安全。围绕演练目的，精心策划演练内容，科学设计演练方案，周密组织演练活动，制订并严格遵守有关安全措施，确保演练参与人员及演练装备设施的安全。

（4）统筹规划、厉行节约。统筹规划应急演练活动，适当开展跨地区、跨部门、跨行业的综合性演练，充分利用现有资源，努力提高应急演练效益。

1.4　应急演练分类

（1）按组织形式划分，应急演练可分为桌面演练和实战演练。

①桌面演练。桌面演练是指参演人员利用地图、沙盘、流程图、计算机模拟、视频会议等辅助手段，针对事先假定的演练情景，讨论和推演应急决策及现场处置的过程，从而促进相关人员掌握应急预案中所规定的职责和程序，提高指挥决策和协同配合能力。桌面演练通常在室内完成。

②实战演练。实战演练是指参演人员利用应急处置涉及的设备和物资，针对事先设置的突发事件情景及其后续的发展情景，通过实际决策、行动和操作，完成真实应急响应的过程，从而检验和提高相关人员的临场组织指挥、队伍调动、应急处置技能和后勤保障等应急能力。实战演练通常要在特定场所完成。

（2）按内容划分，应急演练可分为单项演练和综合演练。

①单项演练。单项演练是指只涉及应急预案中特定应急响应功能或现场处置方案中一系列应急响应功能的演练活动。注重针对一个或少数几个参与单位（岗位）的特定环节和功能进行检验。

②综合演练。综合演练是指涉及应急预案中多项或全部应急响应功能的演练活动。注重对多个环节和功能进行检验，特别是对不同单位之间应急机制和联合应对能力的检验。

（3）按目的与作用划分，应急演练可分为检验性演练、示范性演练和研究性演练。

①检验性演练。检验性演练是指为检验应急预案的可行性、应急准备的充分性、应急机制的协调性及相关人员的应急处置能力而组织的演练。

②示范性演练。示范性演练是指为向观摩人员展示应急能力或提供示范教学，严格按照应急预案规定开展的表演性演练。

③研究性演练。研究性演练是指为研究和解决突发事件应急处置的重点、难点问题，试验新方案、新技术、新装备而组织的演练。

不同类型的演练相互组合，可以形成单项桌面演练、综合桌面演练、单项实战演练、综合实战演练、示范性单项演练、示范性综合演练等。

1.5　应急演练规划

演练组织单位要根据实际情况，并依据相关法律法规和应急预案的规定，制订年度应急演练规划，按照"先单项后综合、先桌面后实战、循序渐进、时空有序"等原则，合理规划应急演练的频次、规模、形式、时间、地点等。

2　应急演练组织机构

演练应在相关预案确定的应急领导机构或指挥机构领导下组织开展。演练组织单位要成立由相关单位领导组成的演练领导小组，通常下设策划部、保障部和评估组；对于不同类型和规模的演练活动，其组织机构和职能可以适当调整。根据需要，可成立现场指挥部。

2.1　演练领导小组

演练领导小组负责应急演练活动全过程的组织领导，审批决定演练的重大事项。演练领导小组组长一般由演练组织单位或其上级单位的负责人担任；副组长一般由演练组织单位或主要协办单位负责人担任；小组其他成员一般由各演练参与单位相关负责人担任。在演练实施阶段，演练领导小组组长、副组长通常分别担任演练总指挥、副总指挥。

2.2　策划部

策划部负责应急演练策划、演练方案设计、演练实施的组织协调、演练评估总结等工作。策划部设总策划，副总策划，下设文案组、协调组、控制组、宣传组等。

（1）总策划。总策划是演练准备、演练实施、演练总结等阶段各项工作的主要组织者，一般由演练组织单位具有应急演练组织经验和突发事件应急处置经验的人员担任；副总策划协助总策划开展工作，一般由演练组织单位或参与单位的有关人员担任。

（2）文案组。在总策划的直接领导下，负责制定演练计划、设计演练方案、编写演练总结报告以及演练文档归档与备案等；其成员应具有一定的演练组织经验和突发事件应急处置经验。

（3）协调组。负责与演练涉及的相关单位以及本单位有关部门之间的沟通协调，其成员一般为演练组织单位及参与单位的行政、外事等部门人员。

（4）控制组。在演练实施过程中，在总策划的直接指挥下，负责向演练人员传送各类控制消息，引导应急演练进程按计划进行。其成员最好有一定的演练经验，也可以从文案组和协调组抽调，常称为演练控制人员。

（5）宣传组。负责编制演练宣传方案，整理演练信息、组织新闻媒体和开展新闻发布等。其成员一般是演练组织单位及参与单位宣传部门的人员。

2.3 保障部

保障部负责调集演练所需物资装备，购置和制作演练模型、道具、场景，准备演练场地，维持演练现场秩序，保障运输车辆，保障人员生活和安全保卫等。其成员一般是演练组织单位及参与单位后勤、财务、办公等部门人员，常称为后勤保障人员。

2.4 评估组

评估组负责设计演练评估方案和编写演练评估报告，对演练准备、组织、实施及其安全事项等进行全过程、全方位评估，及时向演练领导小组、策划部和保障部提出意见、建议。其成员一般是应急管理专家、具有一定演练评估经验和突发事件应急处置经验专业人员，常称为演练评估人员。评估组可由上级部门组织，也可由演练组织单位自行组织。

2.5 参演队伍和人员

参演队伍包括应急预案规定的有关应急管理部门（单位）工作人员、各类专兼职应急救援队伍以及志愿者队伍等。

参演人员承担具体演练任务，针对模拟事件场景作出应急响应行动。有时也可使用模拟人员替代未现场参加演练的单位人员，或模拟事故的发生过程，如释放烟雾、模拟泄漏等。

3 应急演练准备

3.1 制定演练计划

演练计划由文案组编制，经策划部审查后报演练领导小组批准。主要内容包括：

（1）确定演练目的，明确举办应急演练的原因、演练要解决的问题和期望达到的效果等。

（2）分析演练需求，在对事先设定事件的风险及应急预案进行认真分析的基础上，确定需调整的演练人员、需锻炼的技能、需检验的设备、需完善的应急处置流程和需进一步明确的职责等。

（3）确定演练范围，根据演练需求、经费、资源和时间等条件的限制，确定演练事件类型、等级、地域、参演机构及人数、演练方式等。演练需求和演练范围往往互为影响。

（4）安排演练准备与实施的日程计划，包括各种演练文件编写与审定的期限、物资器材准备的期限、演练实施的日期等。

（5）编制演练经费预算，明确演练经费筹措渠道。

3.2　设计演练方案

演练方案由文案组编写，通过评审后由演练领导小组批准，必要时还需报有关主管单位同意并备案。主要内容包括：

3.2.1　确定演练目标

演练目标是需完成的主要演练任务及其达到的效果，一般说明"由谁在什么条件下完成什么任务，依据什么标准，取得什么效果"。演练目标应简单、具体、可量化、可实现。一次演练一般有若干项演练目标，每项演练目标都要在演练方案中有相应的事件和演练活动予以实现，并在演练评估中有相应的评估项目判断该目标的实现情况。

3.2.2　设计演练情景与实施步骤

演练情景要为演练活动提供初始条件，还要通过一系列的情景事件引导演练活动继续，直至演练完成。演练情景包括演练场景概述和演练场景清单。

（1）演练场景概述。要对每一处演练场景的概要说明，主要说明事件类别、发生的时间地点、发展速度、强度与危险性、受影响范围、人员和物资分布、已造成的损失、后续发展预测、气象及其他环境条件等。

（2）演练场景清单。要明确演练过程中各场景的时间顺序列表和空间分布情况。演练场景之间的逻辑关联依赖于事件发展规律、控制消息和演练人员收到控制消息后应采取的行动。

3.2.3　设计评估标准与方法

演练评估是通过观察、体验和记录演练活动，比较演练实际效果与目标之间的差异，总结演练成效和不足的过程。演练评估应以演练目标为基础。每项演练目标都要设计合理的评估项目方法、标准。根据演练目标的不同，可以用选择项（如：是/否判断，多项选择）、主观评分（如：1—差、3—合格、5—优秀）、定量测量（如：响应时间、被困人数、获救人数）等方法进行评估。

为便于演练评估操作，通常事先设计好评估表格，包括演练目标、评估方法、评价标准和相关记录项等。有条件时还可以采用专业评估软件等工具。

3.2.4　编写演练方案文件

演练方案文件是指导演练实施的详细工作文件。根据演练类别和规模的不同，演练方案可以编为一个或多个文件。编为多个文件时可包括演练人员手册、演练控制指南、演练评估指南、演练宣传方案、演练脚本等，分别发给相关人员。对涉密应急预案的演练或不宜公开的演练内容，还要制订保密措施。

（1）演练人员手册。内容主要包括演练概述、组织机构、时间、地点、参演单位、演练目的、演练情景概述、演练现场标识、演练后勤保障、演练规则、安全注意事项、通信联系方式等，但不包括演练细节。演练人员手册可发放给所有参加演练的人员。

（2）演练控制指南。内容主要包括演练情景概述、演练事件清单、演练场景说明、参演人员及其位置、演练控制规则、控制人员组织结构与职责、通信联系方式等。演练控制指南主要供演练控制人员使用。

（3）演练评估指南。内容主要包括演练情景概述、演练事件清单、演练目标、演练场景说明、参演人员及其位置、评估人员组织结构与职责、评估人员位置、评估表格及相关工具、通信联系方式等。演练评估指南主要供演练评估人员使用。

（4）演练宣传方案。内容主要包括宣传目标、宣传方式、传播途径、主要任务及分工、技术支持、通信联系方式等。

（5）演练脚本。对于重大综合性示范演练，演练组织单位要编写演练脚本，描述演练事件场景、处置行动、执行人员、指令与对白、视频背景与字幕、解说词等。

3.2.5　演练方案评审

对综合性较强、风险较大的应急演练，评估组要对文案组制订的演练方案进行评审，确保演练方案科学可行，以确保应急演练工作的顺利进行。

3.3　演练动员与培训

在演练开始前要进行演练动员和培训，确保所有演练参与人员掌握演练规则、演练情景和各自在演练中的任务。

所有演练参与人员都要经过应急基本知识、演练基本概念、演练现场规则等方面的培训。对控制人员要进行岗位职责、演练过程控制和管理等方面的培训；对评估人员要进行岗位职责、演练评估方法、工具使用等方面的培训；对参演人员要进行应急预案、应急技能及个体防护装备使用等方面的培训。

3.4　应急演练保障

3.4.1　人员保障

演练参与人员一般包括演练领导小组、演练总指挥、总策划、文案人员、控制人员、评估人员、保障人员、参演人员、模拟人员等，有时还会有观摩人员等其他人员。在演练的准备过程中，演练组织单位和参与单位应合理安排工作，保证相关人员参与演练活动的时间；通过组织观摩学习和培训，提高演练人员素质和技能。

3.4.2　经费保障

演练组织单位每年要根据应急演练规划编制应急演练经费预算，纳入该单位的年度财政（财务）预算，并按照演练需要及时拨付经费。对经费使用情况进行监督检查，确保演练经费专款专用，节约高效。

3.4.3　场地保障

根据演练方式和内容，经现场勘查后选择合适的演练场地。桌面演练一般可选择会议室或应急指挥中心等；实战演练应选择与实际情况相似的地点，并根据需要设置指挥部、集结点、接待站、供应站、救护站、停车场等设施。演练场地应有足够的空间，良好的交通、生活、卫生和安全条件，尽量避免干扰公众生产生活。

3.4.4　物资和器材保障

根据需要，准备必要的演练材料、物资和器材，制作必要的模型设施等，主要包括：

（1）信息材料：主要包括应急预案和演练方案的纸质文本、演示文档、图表、地图、软件等。

（2）物资设备：主要包括各种应急抢险物资、特种设备、办公设备、录音摄像设备、信息显示设备等。

（3）通讯器材：主要包括固定电话、移动电话、对讲机、海事电话、传真机、计算机、无线局域网、视频通信器材和其他配套器材，尽可能使用已有通信器材。

（4）演练情景模型：搭建必要的模拟场景及装置设施。

3.4.5　通信保障

应急演练过程中应急指挥机构、总策划、控制人员、参演人员、模拟人员等之间要有及时可靠的信息传递渠道。根据演练需要，可以采用多种公用或专用通信系统，必要时可组建演练专用通信与信息网络，确保演练控制信息的快速传递。

3.4.6　安全保障

演练组织单位要高度重视演练组织与实施全过程的安全保障工作。大型或高风险演练活动要按规定制定专门应急预案，采取预防措施，并对关键部位和环节可能出现的突发事件进行针对性演练。根据需要为演练人员配备个体防护装备，购买商业保险。对可能影响公众生活、易于引起公众误解和恐慌的应急演练，应提前向社会发布公告，告示演练内容、时间、地点和组织单位，并做好应对方案，避免造成负面影响。

演练现场要有必要的安保措施，必要时对演练现场进行封闭或管制，保证演练安全进行。演练出现意外情况时，演练总指挥与其他领导小组成员会商后可提前终止演练。

4 应急演练实施

4.1 演练启动

演练正式启动前一般要举行简短仪式，由演练总指挥宣布演练开始并启动演练活动。

4.2 演练执行

4.2.1 演练指挥与行动

（1）演练总指挥负责演练实施全过程的指挥控制。当演练总指挥不兼任总策划时，一般由总指挥授权总策划对演练过程进行控制。

（2）按照演练方案要求，应急指挥机构指挥各参演队伍和人员，开展对模拟演练事件的应急处置行动，完成各项演练活动。

（3）演练控制人员应充分掌握演练方案，按总策划的要求，熟练发布控制信息，协调参演人员完成各项演练任务。

（4）参演人员根据控制消息和指令，按照演练方案规定的程序开展应急处置行动，完成各项演练活动。

（5）模拟人员按照演练方案要求，模拟未参加演练的单位或人员的行动，并作出信息反馈。

4.2.2 演练过程控制

总策划负责按演练方案控制演练过程。

（1）桌面演练过程控制

在讨论式桌面演练中，演练活动主要是围绕对所提出问题进行讨论。由总策划以口头或书面形式，部署引入一个或若干个问题。参演人员根据应急预案及有关规定，讨论应采取的行动。

在角色扮演或推演式桌面演练中，由总策划按照演练方案发出控制消息，参演人员接收到事件信息后，通过角色扮演或模拟操作，完成应急处置活动。

（2）实战演练过程控制

在实战演练中，要通过传递控制消息来控制演练进程。总策划按照演练方案发出控制消息，控制人员向参演人员和模拟人员传递控制消息。参演人员和模拟人员接收到信息后，按照发生真实事件时的应急处置程序，或根据应急行动方案，采取相应的应急处置行动。

控制消息可由人工传递，也可以用对讲机、电话、手机、传真机、网络等方式传送，或者通过特定的声音、标志、视频等呈现。演练过程中，控制人员应随时掌握演练进展情况，并向总策划报告演练中出现的各种问题。

4.2.3　演练解说

在演练实施过程中，演练组织单位可以安排专人对演练过程进行解说。解说内容一般包括演练背景描述、进程讲解、案例介绍、环境渲染等。对于有演练脚本的大型综合性示范演练，可按照脚本中的解说词进行讲解。

4.2.4　演练记录

演练实施过程中，一般要安排专门人员，采用文字、照片和音像等手段记录演练过程。文字记录一般可由评估人员完成，主要包括演练实际开始与结束时间、演练过程控制情况、各项演练活动中参演人员的表现、意外情况及其处置等内容，尤其要详细记录可能出现的人员"伤亡"（如进入"危险"场所而无安全防护，在规定的时间内不能完成疏散等）及财产"损失"等情况。

照片和音像记录可安排专业人员和宣传人员在不同现场、不同角度进行拍摄，尽可能全方位反映演练实施过程。

4.2.5　演练宣传报道

演练宣传组按照演练宣传方案作好演练宣传报道工作。认真做好信息采集。媒体组织、广播电视节目现场采编和播报等工作，扩大演练的宣传教育效果。对涉密应急演练要做好相关保密工作。

4.3　演练结束与终止

演练完毕，由总策划发出结束信号，演练总指挥宣布演练结束。演练结束后所有人员停止演练活动，按预定方案集合进行现场总结讲评或者组织疏散。保障部负责组织人员对演练场地进行清理和恢复。

演练实施过程中出现下列情况，经演练领导小组决定，由演练总指挥按照事先规定的程序和指令终止演练：（1）出现真实突发事件，需要参演人员参与应急处置时，要终止演练，使参演人员迅速回归其工作岗位，履行应急处置职责；（2）出现特殊或意外情况，短时间内不能妥善处理或解决时，可提前终止演练。

5　应急演练评估与总结

5.1　演练评估

演练评估是在全面分析演练记录及相关资料的基础上，对比参演人员表现与演练目标要求，对演练活动及其组织过程作出客观评价，并编写演练评估报告的过程。所有应急演练活动都应进行演练评估。

演练结束后可通过组织评估会议、填写演练评价表和对参演人员进行访谈等方式，也可要求参演单位提供自我评估总结材料，进一步收集演练组织实施的情况。

演练评估报告的主要内容一般包括演练执行情况、预案的合理性与可操作性、应急指挥人员的指挥协调能力、参演人员的处置能力、演练所用设备装备的适用性、演练目标的实现情况、演练的成本效益分析、对完善预案的建议等。

5.2 演练总结

演练总结可分为现场总结和事后总结。

（1）现场总结。在演练的一个或所有阶段结束后，由演练总指挥、总策划、专家评估组长等在演练现场有针对性地进行讲评和总结。内容主要包括本阶段的演练目标、参演队伍及人员的表现、演练中暴露的问题、解决问题的办法等。

（2）事后总结。在演练结束后，由文案组根据演练记录、演练评估报告、应急预案、现场总结等材料，对演练进行系统和全面的总结，并形成演练总结报告。演练参与单位也可对本单位的演练情况进行总结。

演练总结报告的内容包括：演练目的，时间和地点，参演单位和人员，演练方案概要，发现的问题与原因，经验和教训，以及改进有关工作的建议等。

5.3 成果运用

对演练中暴露出来的问题，演练单位应当及时采取措施予以改进，包括修改完善应急预案、有针对性地加强应急人员的教育和培训、对应急物资装备有计划地更新等，并建立改进任务表，按规定时间对改进情况进行监督检查。

5.4 文件归档与备案

演练组织单位在演练结束后应将演练计划、演练方案、演练评估报告、演练总结报告等资料归档保存。

对于由上级有关部门布置或参与组织的演练，或者法律、法规、规章要求备案的演练，演练组织单位应当将相关资料报有关部门备案。

5.5 考核与奖惩

演练组织单位要注重对演练参与单位及人员进行考核。对在演练中表现突出的单位及个人，可给予表彰和奖励；对不按要求参加演练，或影响演练正常开展的，可给予相应批评。

6 附则

6.1 名词解释

（1）演练情景。指根据应急演练的目标要求，根据突发事件发生与演变的规律，事先假设的事件发生发展过程，一般从事件发生的时间、地点、状态特征、波及范围、周边环境、可能的后果以及随时间的演变进程等方面进行描述。

（2）应急响应功能。突发事件应急响应过程中需要完成的某些任务的集合，这些任务之间联系紧密，共同构成应急响应的一个功能模块。比较核心的应急响应功能包括：接警与信息报送、指挥与调度、警报与信息公告、应急通信、公共关系、事态监测与评估、警戒与治安、人群疏散与安置、人员搜救、医疗救护、生活救助、工程抢险、紧急运输、应急资源调配等。

（3）应急指挥机构。应急预案所规定的应急指挥协调机构，如现场指挥部等。

（4）演练参与人员。参与演练活动的各类人员的总称，主要分为以下几类：

演练领导小组：负责演练活动组织领导的临时性机构，一般包括组长、副组长、成员。

演练总指挥：负责演练实施过程的指挥控制，一般由演练领导小组组长或上级领导担任；副总指挥协助演练总指挥对演练实施过程进行控制。

总策划：负责组织演练准备与演练实施各项活动，在演练实施过程中在演练总指挥的授权下对演练过程进行控制；副总策划是总策划的助手，协助总策划开展工作。

文案人员：指负责演练计划和方案设计等文案工作的人员。

评估人员：指负责观察和记录演练进展情况，对演练进行评估的专家或专业人员。

控制人员：指根据演练方案和现场情况，通过发布控制消息和指令，引导和控制应急演练进程的人员。

参演人员：指在应急演练活动中承担具体演练任务，需针对模拟事件场景作出应急响应行动的人员。

模拟人员：指演练过程中扮演、代替某些应急响应机构和服务部门，或模拟事件受害者的人员。

后勤保障人员：指在演练过程中提供安全警戒、物资装备、生活用品等后勤保障工作的人员。

6.2 知识链接

应急物资储备

水	紧急情况下储备家庭使用的三天水量，以每人每天 4 升的标准储存。若有儿童、老人、病人则需加量。水须装在干净、密封、易携带的塑料瓶中
食物	不需冷藏、即开即食、少含或不含水分的固体食品，如饼干、方便面等
应急工具	绳子、锤子、哨子、电池、手电筒、针线、纸笔、地图、多用刀、防水火柴、蜡烛、铁杯、纸巾、无线电收音机、毛巾、手套、太阳镜
卫生用品	个人卫生用品（牙刷、牙膏、梳子等）、香皂、洗衣粉
衣物	每位家庭成员至少备有两套换洗衣物。轻便结实耐磨的鞋子和舒适的袜子、帽子、手套、内衣、毯子、睡袋、雨衣
医药包	用医用材料、外用药、内服药等，感冒药、酒精、棉签、创可贴、纱布等
特殊物品	现金、存折、户口簿等重要的家庭文件（装在密封防水的容器中）
婴儿用品	尿布、奶瓶、奶粉及所需医药

参考文献

AÖcal. (2010) . Hazard education in 4th to 7th grade social studies courses in Turkey, Social Studies Research and Practice, 2010

Ben Wisner (2006). Let Our Children Teach Us! A Review of the Role of Education and Knowledge in Disaster Risk Reduction [M]. Bangalore: Book for Change, 2006: 15

Cornett, J. W. (1990) Teacher Thinking About Curriculum and Instruction: A Case Study ofa Secondary, Social Studies Teacher. TheoryandResearch socialEducation, 18 (3): 248-273. Curriculum Studies, 14 (3): 251-266

Dieter L Boehn (1996) . Geographical education In germany on natural disasters. International Perspectives on Teaching about Hazards and Disasters, pp. 33-38

Doyle, W. D& Ponder, G. A. (1977) The Practicality Ethic in Teacher Decision-Making, Interchange, 8 (3): 1-12

Elbaz, P. (1991) Research on Teachers' Knowledge: The Evolution of a Discourse. Journal of Curriculum Studies, 23 (10): 1-19

Elizabeth R. Hindea, Sharon E. Osborn Poppa, Margarita (2011) . Linking geography to reading and English language learners' achievement in US elementary and middle school classrooms, International Research in Geographical and Environmental Education, 20 (1)

Fraser, B. (1990) Factors Affecting School Change. Curriculum and Teaching, 5 (1): 55-61

Goodman, J. (1988) The Disenfranchisement ofEiementary Teachers and Strategies for Resistance. Journal ofCurriculum and Supervision, 3 (3): 201-220

Gross, N. , Giacquinta, J. & Bernstein M. (1971) Implementing Organizational Innovations: ASoctologicalAnalysm Pkumed Change. Harper & Row: NewYork

Hargreaves, A. (1982) The Rhetoric of School Centred Innovation.

Hargreaves, A. (1989) Curriculum and Assessment Reform. Open University Press, Milton Keynes

Holmes, Mary Anne (2005) . Dinosaurs and Disasters Day at University of Nebraska's State museum: A Joint Effort to Explain Natural Disasters to the Public [C] . U. S. : Geological Society of America Abstracts with Programs, 2005

Hosseini, M. (2010) . "Training emergency managers for earthquake response challenges and opportunities. " Disaster Prevention and Management. http: //course. fed. cuhk. edu. hk/s040179/EDD5169H/

Hung, H. V. (2010) . "Flood risk management for the riverside urban areas of Hanoi The need for synergy in urban development and risk management policies. " Disaster Prevention and Management

Izadkhah, Y. O. (2010). "Sustainable neighbourhood earthquake emergency planning in megacities." Disaster Prevention and Management

Jerry T. Mitchell (2009). Hazards education and academic standards in the Southeast United States, International Research in Geographical and Environmental Education, 18 (2)

John Lidstone (1996). International perspectives on teaching about hazards and disasters, Multilingual Matters, 1996

John Lidstone (1998). Public education and disaster management: is there any guiding theory? Australian Journal of Emergency Management, 1998

John Macaulay (2004). Disaster Education In New Zealand [A]. Joseph P. Stoltman, John Lidstone and Lisa M. DeChano (Eds.). International Perspectives on Natural Disasters: Occurrence, Mitigation, and Consequences [M]. Dordrecht: Kluwer Academic Publishers, 2004: 417-428

Julie, M. (2008). "Tsunami-resilientcommunities'development in indonesia through educative actions." Disaster Prevention and Management

Justin Sharpea & Ilan Kelmanbc (2011). Improving the disaster-related component of secondary school geography education in England, International Research in Geographical and Environmental Education, 20 (4)

Kath Murdoch (2007). Teaching and Learning to Live with the Environment. Advances in Natural and Technological Hazards Research, 2007, Volume 21, 341-358

Kobayashi Fumio (1998). Social Education for the Prevention of Natural Disasters in the Museum [J]. Memoirs of the Geological Society of Japan, 1998 (51): 156-161

Koichi Shiwaku and Rajib Shaw (2007). "Future perspective of school disaster education in nepal." Disaster Prevention and Management

Koichi Shiwaku and Rajib Shaw (2008). "proactive co-learning a new paradigm in disaster education." Disaster Prevention and Management

MacDonald, B. & Rudduck, J. (1974) Curriculum Research and Development Projects: Decheva, D. (1989) The earthquakes on the Balkan Peninsula. Geography, 2

Marie-Paule Jungblut, Rosmarie Beier-de Haan (2008). ICOM / ICMAH Annual Conference 2008 "Museums And disasters" Programme and Conference Proceedings [C]. New Orleans: ICOM's International Committee for Museums and Collections of Archaeology and History, 2008

Maryes Clary (1996). Teaching about natural hazards and disasters In French secondary schools, International Perspectives on Teaching about Hazards and Disasters, pp. 39-46

Maskrey, A. (1989). Community based Mitigation. Oxfam, Oxford

Miller, J. P&Seller, W. (1985) Cu: riculum Perspectives and Practice. Longman, New York

MohsenGhafory-Ashtiany (2009). "View ofI slam on earthquakes human vitality and disaster." Disaster Prevention and Management

Norman Tait (1996). Studying natural hazards In South African school, International Perspectives on Teaching about Hazards and Disasters，pp. 59-70

Parsizadeh，F. （2010）．"Iran public education and awareness program and its achievements."Disaster Prevention and Management

R. B. Singh（2007）．Current Curriculum Initiatives and Perspectives in Education for Natural Disaster Reduction in India，Advances in Natural and Technological Hazards Research，2007，Volume 21，409-416

Rajib Shaw，Koichi Shiwaku Hirohide Kobayashi，Masami Kobayashi（2004）．Linking Experience，Education，Perception and Earthquake Preparedness [J]．Disaster Prevention and Management，2004，13（1）：39-49

Sarabjit，J.（2010）．Interview of Australian on disaster education．US Fed News Service，Including US State News

Sarah E. Battersbya，Jerry T. Mitchella & Susan L. Cuttera（2011）．Development of an online hazards atlas to improve disaster awareness，International Research in Geographical and Environmental Education，20（4）

Tas，M.（2010）．"Study on permanent housing production after 1999 earthquake in Kocaeli（Turkey）."Disaster Prevention and Management. the Beazley Curriculum Recommendation Paper presented at Perth WAIERResearch Forum 12-13 September. The Case of Teacher Collegiality. Paper presented to the 1991 ACEA NationalConference，Gold Coast

U. N.（2005）．Agency joins broadcasters to boost disaster education．US Fed News Service，Including US State News

Unlu，A.（2010）．"Disaster and crisis management in Turkey a need for a unified crisis management system."Disaster Prevention and Management

Whitehead，P.（1991）．Social Education or Separate Disciplines：An Examination of Teacher's Personal Practical Theories. Paper presented to the AustralianAssociation For Research in Education. Gold Coast Queensland

Yee-wang Fung，John C K and Chi-chung Lam（1996）．The teaching of natural hazards In Hong Kong secondary schools on exploratory study，International Perspectives on Teaching about Hazards and Disasters，pp. 71-80

Young，J. H.（1988）．Teacher Participation in Curriculum Development：What Status Does it Have Journal of Curriculum and Supervision，3（2）：109-121

安树志（2007）．加强防灾素质教育的几点措施 [J]．城市与减灾，2007（5）：14-15

白伟岚，李金路（2006）．建防灾公园 保市民安全 [N]．中国建设报，2006（9）：1

曹邱（2008）．由汶川大地震谈中学地理教学中的灾害教育 [J]．新课程研究，2008（12）：49-51

陈会洋，周申立，鲁廷辉（2007）．新课标下初中地理课的灾害教育研究 [J]．沈阳教育学院学报，2007（10）：94-96

陈霞，朱晓华（2001）．试论灾害教育在防灾减灾中的作用 [J]．灾害学．2001（9）：92-96

湛丽，陈思，冯科（2007）．大学生灾害感知水平调查与减灾教育建议 [J]．中国地质教

育，2007（2）：106-110

董一峰（2008）．中学地理灾害教育研究［D］．华东师范大学，2008

方伟华、李宁等（2011）．《中小学生防灾减灾读本》［M］，北京师范大学出版社，2011

高建国（2010）．灾史、灾链、灾度［R］．中国地震局地质研究所，2010

高云，谢莉（2009）．公众防灾教育在灾害风险管理中的作用［J］．安徽商贸职业技术学院学报，2009（1）：6-9

葛永锋（2006）．在历史与社会教学中加强灾害科学教育［J］．地理教育．2006，4

郭强（2004）．灾害意识的概念和构成［J］．中国减灾，2004（1）：p35-37

贺梅萍，韦永芬（2010）．灾害教育——图书馆应关注的社会课题［J］．科技情报开发与经济，2010（1）：26-27

户田芳雄（1996．防灾教育，中等教育资料（日文），1996

蒋伟宁（2004）．防灾教育白皮书［Z］．台北："台北教育部"，2004年

李世泰（2007）．地理教学渗透灾害意识教育的探讨［J］．地理教育，2007（6）：71-72

李晓江，张兵，束晨阳，张健（2008）．回望生命的光辉——北川地震遗址博物馆及震灾纪念地规划的思考［J］．城市规划，2008（7）：32-35，40

廖贤富（2009）．我国新时期中小学防灾减灾教育长效机制的构建［J］．教育与教学研究，2009（9）：31-34

林俊全（2003）．防灾科技教育改进计划［R］．九十二年度防灾科技教育改进计划期中报告．国立台湾大学地理环境资源学系．2003

林秀梅（2001）．国民中学防震教育课程概念分析［D］．国立台湾大学地理环境资源学研究所．2001

刘艺林（2002）．上海高校的减灾教育［J］．防灾博览．2002，3

刘懿（2009）．灾害教育——图书馆社会教育功能的审视［J］．图书馆建设，2009（1）：77-79

龙海云（2008）．中日震灾科普教育的初步对比分析——地震纪念馆在震灾科普教育方面所起的重要作用［J］．国际地震动态，2008（5）：41-48

罗崇升，雷麦莉（2005）．对学生进行防震减灾知识教育的必要性和迫切性［J］．甘肃科技．2005，5

庞德谦，傅志军（2000）．宝鸡综合减灾教育科研基地建设回顾［J］．中国减灾，2000（5）：10-12

任秀珍（2005）．从印度尼西亚地震海啸看防震减灾宣传教育工作的作用和发展方向［J］．国际地震动态．2005，4

申勇，祁亚娟，任延安（2009）．依托防灾教育馆提升消防交全意识［J］．城市与减灾，2009（2）：20-24

矢守克也（2005）．通过防灾活动学习风险交流［M］，中西屋出版，2005

孙国学，孙晶岩（2007）．论防震减灾科普宣传与培训教育工作［J］．山西地震，2007（10）：34-39

孙荣乐（2011）．高中地理灾害教育内容与策略探究［D］．广州大学硕士论文，2011

孙小银，单瑞峰（2006）．论环境安全教育的内涵及其在环境灾害防治中的作用［J］．环

境科学与管理，2006（8）：14-16

谭秀华（2008）．国际背景下我国中学地理课程中减轻灾害风险教育的优化策略研究［D］．
北京：北京师范大学，2008

谭秀华，王民，张英（2010）．国际灾害教育发展趋势［J］．城市与减灾．2010，6

铁永波，伊丽（2005）．论环境教育及其在城市防灾减灾中的作用［J］．云南地理环境研
究，2005（7）：30-33

汪鸿宏（1996）．时代的趋势－发展灾害教育［J］．中国减灾，1996（5）：6-9

王会敏，杨文明（2009）．地震防范成功个案对防空防灾教育的三点启示［J］．国防，
2009（6）：51-52

王景秀（2011）．上海市中学生自然灾害意识调查研究［D］．上海师范大学硕士论文，
2011

王民，史海珍，张英（2011a）．国外公众灾害教育实施途径初探［J］．城市与减灾．
2011，4

王民，史海珍，张英（2011b）．我国公众灾害教育研究综述［J］．防灾科技学院学报，
2011 年 9 月（13 卷 3 期）

王卫东（2008）．国外防灾教育"聚焦"普通民众［J］．城市与减灾，2008（2）：31-33

王益梅（2007）．中学生防灾减灾教材开发初步研究［D］．云南师范大学硕士论文，2007

王益梅，王金亮，朱妙园（2006）．论山区防灾减灾中的环境教育［J］．中国减灾．
2006，11

王卓（2010）．新课改背景下高中地理灾害教育的实施现状及改进策略研究［D］．东北师
范大学硕士论文，2010

温永泉（2009）．中学地理教学中实施灾害教育探究［J］．新课程学习．2009（12）

吴凤群（2010）．地理课程中的灾害教育研究［D］．四川师范大学硕士论文，2010

修济刚（2005）．减灾宣传与减灾教育［J］．防灾博览．2005，1

许明阳（2003）．92～95 年度防灾科技教育改进计划其 2003 执？成果报告［Z］

阎玉恒（2008）．设立防灾宣传月，加强防灾教育［J］．乡音，2008（9）：17

叶欣诚（2007）．「天然防灾计划：九年一贯与高中学习阶段防灾教育之教材设计与种子
教师培育计划」成果报告［R］，"教育部"顾问室委托国？高雄师范大学环境教育研究
所研究计划

叶欣诚等（2010）．师生防灾素养检测及成效评估计划期末报告［Z］．2010

于秀丽（2003）．中学地理教学中防灾减灾教育的探讨［D］，东北师范大学硕士论文，
2003

余珊珊（2009）．浅谈国外防灾教育对校园安全教育的启示［J］．才智，2009（13）：173

翟永梅（2010）．民众防灾防护意识教育的重要性［J］．生命与灾害，2010（4）：5-7

张朝雄（2006）．社区，减灾事业的沃土［J］．中国减灾．2006 年 5 期

张福彦（2010）．中学灾害教育及其校本化实施研究［D］．东北师范大学硕士论文，2010

张勤，高亦飞，高娜等（2009）．城镇社区地震应急能力评价指标体系的构建［J］．灾害
学，2009，24（3）：p133-136

张信勇，卞小华（2008）．关于我国防灾教育的思考［J］．华北水利水电学院学报，2008

（10）：115-118

张业成，张立海（2008）．抗震减灾日和地震博物馆及地质公园的建设［J］．国际地震动态，2008（11）：172

张英（2008a）．中学地理与灾害教育浅议［J］．地理教育．2008（2）：p60-61

张英（2008b）．中学的灾害教育［J］．城市与减灾，2008（2）：p9-12

张英（2008c）．中学灾害教育的若干教学策略探讨［J］．地理教学，2008（1）：p31-34

张英（2009）．环境解说解说员专业化与解说词规范化研究［D］．北京师范大学硕士学位论文，2009，7

张英（2011a）．日本大学等科研机构开展面向社会的灾害教育［J］．城市与减灾．2011，2

张英，陈红，谭秀华（2008d）．可持续发展教育框架下的中学灾害教育及实施建议［J］．环境教育，2008（1）：p71-72

张英，王民（2008e）．灾害教育研究与实践的初步思考［C］．国家综合防灾减灾与可持续发展论坛文集，2010

张英，王民（2008f）．中学灾害教育综述研究与实施建议［C］．中国地理学会2008学术年会学术论文集，2008

张英，王民（2010a）．我国灾害教育的展望［J］．城市与减灾．2010，5

张英，王民（2010b）．中学灾害教育综述研究与实施建议［C］．中国地理学会2008学术年会学术论文集，2008

张英，王民，谭秀华（2011b）．灾害教育理论研究与实践的初步思考［J］．灾害学．2011，1

张英，王民，蔚东英（2011c）．通过解说促进社会灾害教育的思考［J］．城市与减灾．2011增刊

张云霞（2005）．加强防灾减灾基础教育刻不容缓［J］．中国减灾．2005，9

赵玲玲（2010）．《地理5》的灾害教育内容与功能研究［D］．内蒙古师范大学硕士论文，2010

赵侠（2007）．北京市民防灾教育馆及其在公众科普教育中的作用和意义［J］．消防技术与产品信息，2007（6）L33-35

郑居焕，李耀庄（2007）．日本防灾教育的成功经验与启示［J］．基建优化，2007（2）：85-87

中华人民共和国教育部（2001）．全日制义务教育地理课程标准［S］．北京：北京师范大学出版社，2001

中华人民共和国教育部（2003）．普通高中地理课程标准［S］．北京：人民教育出版社，2003

中华人民共和国教育部（2007）．中小学安全教育指导纲要［Z］，2007

中华人民共和国教育部（2009）．中小学安全工作指南［Z］，2009

周秀琴（2008）．加强防灾减灾教育，提高学生防灾抗灾能力［J］．福建教育学院学报，2008（3）：69-71

邹波，王雄健（2007）．在校学生防震减灾教育的新模式［J］．华南地震，2007（12）：95-98

后　序

　　本书大部分完成于在京大防灾所访问研究期间。一直庆幸身处京都——最有日本味道的地方，在日本感受安全文化，近距离接触专家，很有利于本文的写作。除此外，良好的科研氛围、优美的自然环境也不时让本书写作的疲劳得以消除，春之花之色，秋之叶之韵，都给人无穷遐想，感受人与环境的和谐，深入理解研究的深意。回想在图书馆百叶窗前凝望那初芽的柳叶随风飘舞，回想起在宇治川河堤骑行、跑步或散步，回想在综合研究实验栋楼中花园休息，远望黄檗山，回想在会馆阳台看着飘落的樱花，苍松间网球场的挥汗如雨，半夜从楼中走出呼吸新鲜空气，一切都是那么惬意、安静，那么美好，值得回忆。我也要感谢此种环境给我带来的无限学术研究动力、静心写作与巧妙构思，让我明白了不管在什么时候，有颗安静的心才是做事的开端。

　　如何推进灾害教育研究与实践，一直是我思考的课题，结合目前从事的防震减灾科普教育工作，便有了更多思考，开展灾害教育研究，不仅是防震减灾事业融合发展需要，更是研究夙愿的牵引，于是在博士论文的基础上编著此书。

　　感谢家人这么多年一如既往对我的关爱与支持！感谢朋友们、同学一直以来对我的关注、鼓舞，谢谢你们的理解与支持！感谢北师大地遥学院博士生导师王民教授的关心帮助，同时要对同门师弟师妹说声谢谢，无论是在论文数据录入，还是在平时的生活中，感谢你们的帮助！感谢论文调查中给予帮助的以下长者，感谢北京市教科院基教中心陈红老师、佳木斯大学陈季教授、山东地震局都吉夔处长、四川大学灾后重建学院顾林生院长、上海浦东教育发展研究院李功爱老师、京都大学防灾所林春男教授、《城市与减灾》副主编吕苑苑、北师大附中王莉萍副校长、海淀安全馆馆长闫新民、《灾害学》常务副主编袁志祥、北京市地震局邹文卫处长（按姓名拼音排序）等人对课题调查、研究给予的大力支持与协助！感谢谭秀华、周娟、冯硕、龚宣渤、李伟、詹青、刘永斌等人的调查协助！

　　感谢教育部留学基金委"国家建设高水平大学项目"提供的公派留学机会，同时也要感谢京都大学林春男教授及防灾所各位老师的指导与帮助以及神户大学、人与未来防灾中心相关人员的协助；感谢北师大 211 项目国际会议基金资助国际旅费得以赴美国参加EDEN2011 年会，使得论文更加完善且具国际视野；论文承蒙2011—2012 年度联校教育社科医学论文奖一等奖资助，在此感谢香港圆玄学院基金会汤伟奇先生、论文奖发起人杜祖贻先生及秘书处张玉婷等老师的帮助。

　　吾生有涯，吾知也有涯，希望借此书，引起同行对灾害教育的关注，共同助力灾害教育研究与实践的开展。

　　以此，为谢！

2014 年 8 月于清水湾

张英

2014 年 8 月